高含硫天然气净化厂
腐蚀与防护技术

Gaohanliu Tianranqi Jinghuachang
Fushi Yu Fanghu Jishu

肖国清　曾德智　商剑峰
谭四周　董宝军　刘元直　　著

四川大学出版社
SICHUAN UNIVERSITY PRESS

项目策划：孙明丽
责任编辑：刘柳序
责任校对：周维彬
封面设计：墨创文化
责任印制：王　炜

图书在版编目（CIP）数据

高含硫天然气净化厂腐蚀与防护技术 / 肖国清等著
. — 成都：四川大学出版社，2022.2
ISBN 978-7-5690-5311-1

Ⅰ．①高… Ⅱ．①肖… Ⅲ．①天然气净化－石油化工
设备－防腐 Ⅳ．① TE665.3

中国版本图书馆 CIP 数据核字（2022）第 009948 号

书　名	高含硫天然气净化厂腐蚀与防护技术
著　　者	肖国清　曾德智　商剑峰　谭四周　董宝军　刘元直
出　　版	四川大学出版社
地　　址	成都市一环路南一段 24 号（610065）
发　　行	四川大学出版社
书　　号	ISBN 978-7-5690-5311-1
印前制作	四川胜翔数码印务设计有限公司
印　　刷	成都金龙印务有限责任公司
成品尺寸	170mm×240mm
印　　张	8.75
字　　数	167 千字
版　　次	2022 年 4 月第 1 版
印　　次	2022 年 4 月第 1 次印刷
定　　价	56.00 元

◆ 读者邮购本书，请与本社发行科联系。
　电话：(028)85408408/(028)85401670/
　(028)86408023　邮政编码：610065
◆ 本社图书如有印装质量问题，请寄回出版社调换。
◆ 网址：http://press.scu.edu.cn

四川大学出版社
微信公众号

前　言

随着我国天然气需求量的逐年攀升，高含 H_2S/CO_2 的酸性气田相继被开发。由于高酸性气田采出气必须经过酸气处理脱硫后才能投入生产，因此天然气净化过程中装置及管线面临着严重的腐蚀问题。然而，天然气净化装置工艺条件复杂、系统腐蚀风险高、薄弱环节多，难以形成有效的腐蚀防控体系，这些问题已逐渐影响天然气净化厂的安全运行。

管道的 H_2S/CO_2 腐蚀一直是石油工程腐蚀的研究热点，但在高含硫天然气净化过程中，系统腐蚀的组分更加复杂多样，包括 CO_2、H_2S 和高浓度的氯离子以及热稳定性盐等杂质。多组分腐蚀性气体和侵蚀性离子对净化装置的腐蚀还尚未明晰。高含硫天然气净化系统酸性负荷高、工艺节点多，同时整个工艺过程中温度及压力变化范围较大，还未形成系统、完整的腐蚀监测体系。

本书是笔者及其团队近 10 年从事油气田腐蚀与防护工作的结晶，主要介绍了高含硫天然气净化装置和管线的腐蚀行为，阐明了酸气、氯离子、热稳定性盐、温度、流速、液硫和湿硫颗粒对净化装置腐蚀的影响规律和机制。运用数据挖掘和人工智能技术，构建了净化装置腐蚀监测方法，并介绍了适合于天然气净化厂腐蚀防控的技术方案和应用实例。本书评估了高含硫天然气净化装置中面临的腐蚀风险，以解决高含硫净化厂运行过程中的腐蚀防控问题，为高含硫天然气净化装置的安全运行提供了依据和参考。

全书共分为 6 章。第 1 章主要介绍了净化装置腐蚀研究现状、腐蚀监测技术和腐蚀防护工艺；第 2 章系统地分析了高含硫净化装置的腐蚀问题；第 3 章阐明了温度、酸气、氯离子、热稳定性盐和应力对脱硫装置腐蚀影响机制；第 4 章评价了液硫和硫颗粒对净化装置的腐蚀影响机制；第 5 章分析了高含硫净化装置中监测点的有效性，构建了高含硫天然气净化厂的腐蚀监测体系；第 6 章系统优化了高含硫天然气净化装置腐蚀防控工艺，包括污染杂质防控、材质设计、工艺流程优化和设备缺陷修复技术等。本书主要由肖国清统稿，曾德智、商剑峰、谭四周、董宝军和刘元直参与撰写。其中，商剑峰、刘元直主要负责第 2 章和第 6 章；曾德智、董宝军主要负责第 3 章和第 4 章；肖国清、谭四周主要负责第 1 章和第 5 章。此外，龙德才、喻智明和韩雪等研究生参与了实验测试、数据分析、图表和文字的整理工作，在此向他们表示感谢。

本书内容精炼、重点突出、系统性和实用性强。本书的研究成果为评估当前高含硫天然气净化装置中面临的腐蚀风险提供了参考，对解决高含硫天然气净化装置中面临的腐蚀问题具有重要的理论意义和实际应用价值。本书主要供石油天然气领域的相关技术人员阅读、参考，也可供高等院校及相关研究机构的师生和研究人员阅读、参考。

由于水平有限，书中难免存在不足与不当之处，恳请读者予以批评指正。

著　者
2021 年 10 月

目 录

第 1 章 绪 论

随着经济的快速增长，我国对天然气的需求不断提高，许多高含 H_2S/CO_2 的酸性气田相继被开发。我国天然气资源丰富，其中高含 H_2S 气藏地质储量约占全国的 25%，主要分布在川东北地区，如：普光气田、元坝气田、罗家寨气田等，其中普光气田 H_2S 含量达 17%，CO_2 含量达 11%；元坝气田 H_2S 含量最高达 15%，CO_2 含量达 12%。这些典型的高含硫气田采出气必须经过酸气处理脱硫后才能投入生产[1]。

高含硫天然气净化装置目前主要包括脱硫、脱水、硫回收、尾气处理和酸性水汽提等单元。脱硫单元常用 MDEA 法脱硫，这种方法基于可逆反应原理，吸收塔在低温高压环境下吸收天然气中酸性组分，胺液再生塔在高温低压环境下解析释放胺液中的酸性组分，从而达到脱硫的目的；脱水单元常采用三甘醇作为吸收剂（TEG 法）脱水；硫回收单元一般采用常规克劳斯二级转化法回收硫，最后再配以加氢还原吸收尾气和酸性水汽提的工艺技术路线[2]。

高含硫天然气净化过程中的腐蚀问题主要有：系统腐蚀组分复杂多样，包括 CO_2、H_2S、高浓度的氯离子以及热稳定盐等污染杂质[3]；高含硫天然气净化系统酸性负荷高、工艺节点多，整个工艺温度及压力变化范围较大；净化装置所用材质包含多种碳钢和不锈钢及复合管材，各单元装置易发生均匀腐蚀、点蚀、垢下腐蚀、冲刷腐蚀等[4]。其中脱硫装置和硫回收装置腐蚀相对较严重，在脱硫装置的贫富液换热器中，由于富液中含有大量酸性介质，通常腐蚀程度最为严重，此外交换器管线及温度较高区域也是腐蚀的高危区域。管线设备的腐蚀状况值得高度关注，亟须采取有效的腐蚀防控措施以减少因腐蚀而导致的经济损失。此外，高酸性净化装置的腐蚀监测及防护研究未成系统，腐蚀监测不能满足"区域性、系统性、代表性"的要求，无法形成完整的腐蚀监测体系；天然气净化装置工艺条件复杂，系统腐蚀风险高，薄弱环节不确定，腐蚀防控难度大；现场腐蚀介质环境复杂，腐蚀影响因素多，腐蚀类型多样；液硫、湿硫等介质造成储运系统腐蚀严重。

针对高含硫天然气净化装置的腐蚀问题，本书对其腐蚀规律及腐蚀因素影响机制进行了研究，优化腐蚀监测体系和腐蚀控制工艺，延长净化装置的有效使用寿命，减少对设备的维护及更换频率，降低含硫气净化成本，保障工厂"安、稳、长、满、优"运行，同时为其他高含硫气田天然气净化装置的腐蚀监测与防护提供参考。

1.1　净化装置腐蚀研究现状

（1）H_2S/CO_2 腐蚀

钢在 CO_2 或 H_2S 环境中的腐蚀行为已经有了深入的研究，腐蚀机制和规律已经比较清晰，但在 H_2S 和 CO_2 共存的环境下，钢的腐蚀机制及规律更为复杂[5-6]。学者研究认为：①当二氧化碳分压超出硫化氢分压 500 倍时，以 CO_2 腐蚀为主；②当二氧化碳分压小于硫化氢分压 20 倍时，以 H_2S 腐蚀为主；③当两者分压比 P_{CO_2}/P_{H_2S} 为 20～500 时，以 H_2S/CO_2 共同主导的腐蚀为主。在 H_2S/CO_2 共存时，要更重视硫化氢腐蚀[7]。

Eustaquio-Rincon 及 Zhou C S 等研究了在压力、水溶液条件下醇胺浓度、酸性气体（CO_2 和 H_2S）含量等具体因素对碳钢腐蚀速率的影响。结果显示：在 276～5861 kPa（40～850 Psig）的压力范围内，加入不同含量的 H_2S 和 CO_2，腐蚀速率随着烷醇胺浓度的增加而降低。在 0～0.35 mol 范围内，CO_2 对醇胺溶液的腐蚀速率没有影响，但随着 H_2S 含量的增加，H_2S 的存在使腐蚀速率急剧增加[8-9]。

（2）热稳定性盐对腐蚀的影响

高酸性气田常采用湿法脱硫，湿法脱硫溶剂主要有单乙醇胺（MEA）、二乙醇胺（DEA）和甲基二乙醇胺（MDEA）。其中，MDEA 由于其化学性质稳定而被广泛应用于湿法脱硫[10]。MDEA 溶液属于有机碱溶液，遇 CO_2 和 H_2S 将发生酸碱中和反应。在酸气净化过程中，吸收塔内的贫液（MDEA）中和原料气形成富胺液（MDEA+H_2S+CO_2），富胺液在高温的再生塔中再发生解吸生成贫液并释放酸性气体。MDEA 溶液腐蚀性非常弱。然而，酸气净化过程中净化设备中存在的 O_2 和杂质将使 MDEA 降解并生成热稳定性盐。这种热稳定性盐的产生和存在显著地降低了 MDEA 溶液的脱硫效率并造成了净化设备的严重腐蚀[11]。

美国 Dow 化学公司的 Rooney[12]等研究结果表明：304L 和 316L 两种不锈钢在含有热稳定性盐的 MDEA 溶液中的耐蚀性良好。在 120℃高温下，甲酸等腐蚀介质都能加速 MDEA 溶液中钢的腐蚀，其中 MDEA 溶液与草酸的组合腐蚀性最强，钢的腐蚀速率随着阴离子含量的增多而升高。

（3）氯离子浓度对腐蚀的影响

氯离子的存在增强了溶液的导电率。从电化学腐蚀的角度，Cl^- 减小了溶液的极化阻抗，加剧了钢的腐蚀，还会破坏金属表面已经形成的腐蚀产物膜，促进膜下坑蚀的继续进行，从而形成腐蚀穿孔[13]。

He W 等[14]采用电化学测试、电感耦合等离子体（ICP）和 X 射线光电子能谱（XPS）研究了高浓度氯化物和 H_2S 对 316L 不锈钢表面氧化层的形成和金属溶解的协同作用。研究表明，氯离子浓度对氧化膜的半导体性能有显著影响，而气体浓度对氧化膜的半导体性能影响不大。与低浓度氧化物相比，在高浓度氯化物电解液中形成的氧化物中发现了相对高浓度的硫。

Ding J H[15]等采用动电位极化、电化学阻抗谱（EIS）和电容测量（Mott-Schottky 分析）研究了 316L 不锈钢在不同 H_2S 分压下的电化学行为。结果表明，H_2S 在 Cl^- 溶液中的存在可以加速阴极和阳极电流密度，在较高的钝化电位范围内形成亚稳态的钝化状态，使半导体行为由 P 型转变为 N 型，从而增加了其腐蚀敏感性。利用 XPS 分析对恒电位极化后的表面膜进行表征，其结果为电化学测量提供了良好的依据。

（4）温度对腐蚀的影响

温度主要影响 CO_2/H_2S 在水溶液中的溶解度、溶液的化学反应速率、离子的运移速率和腐蚀产物膜的形态[16]。温度对材质腐蚀的影响主要包含两方面：一方面，随着温度的升高，活化能增加，离子的运移速率加快，导致材质的腐蚀速率升高；另一方面，随着温度的升高，H_2S 气体的溶解度降低，溶液 pH 升高，HS^-、S^{2-} 等浓度改变。此外，温度的升高降低了 $FeCO_3$ 的溶度积，促进了 $FeCO_3$ 的沉积，从而导致致密的 $FeCO_3$ 腐蚀产物膜的形成，降低了钢的腐蚀速率[17]。

Handoko W 等[18]用动电位极化和电化学阻抗等方法，研究了在质量分数为 3.5% 的 NaCl 溶液中温度对 316L 不锈钢腐蚀行为的影响。结果表明，在质量分数为 3.5% 的 NaCl 溶液中，随着温度的逐渐升高，316L 在该溶液中的开路电位和腐蚀电位逐渐变负，自腐蚀电流密度逐渐增大，钝化膜电阻和点蚀电位也逐渐减小。随着温度的升高，316L 表面腐蚀坑直径逐渐增大，数量逐渐增多，这主要因为温度的升高降低了 316L 表面钝化膜的致密度，增大了表面钝化膜的溶解速度，使其抗腐蚀性能下降。

（5）流速对腐蚀的影响

在一般情况下，流速增加，材质腐蚀速率加快。这是由于随着流速加快，腐蚀介质的运移速度增加了[19]。但是，当达到一定流速时，金属表面溶解的氧的浓度达到钝化的临界浓度，金属出现钝化，腐蚀速率下降。当流速进一步增加时，在金属表面形成的腐蚀产物膜在流体产生的切向作用力下被冲刷破坏，金属腐蚀速率重新上升。

廖柯熹[20]等采用某含硫湿天然气管道 20G 钢和模拟地层水，考察 H_2S 分压、CO_2 分压、温度和流速对 20G 钢的腐蚀影响。结果表明，各因素对 20G 钢的腐蚀均有不同程度的影响，其影响度排序为：H_2S 分压（极差 0.057）>温度（极差 0.040）>流速（极差 0.018）>CO_2 分压（极差 0.011）。随着温度的升高、流速的增大、CO_2 分压的增大、H_2S 分压的增大，腐蚀速率值均呈上升趋势。

Zhang N[21]等研究了不同流速下元素硫对 H_2S/CO_2 气田水溶液缓蚀性能的影响。结果表明，由于流体中携载硫颗粒，流体动力不足，L360QS 钢表面发生点蚀。在高流速下，钢表面很可能受到高流体动力的作用去除缓蚀剂膜和腐蚀垢。

1.2 净化装置腐蚀监测技术

针对高含硫净化装置存在的腐蚀问题，目前主要采用腐蚀失重法、电化学测试、腐蚀监测技术等，并结合腐蚀介质组成分析、腐蚀产物表面分析技术和腐蚀产物组成表征手段进行相关腐蚀研究。在天然气净化装置中引起脱硫系统腐蚀的因素较多，单一的腐蚀监测方法只能提供有限的信息，为了获得脱硫装置比较全面的腐蚀信息，应采用两种或两种以上的方法来辅助监测脱硫装置的腐蚀，这样可以得到互补的数据。目前较成熟的腐蚀监测（检测）方法主要有：挂片失重法（经典方法）、线性极化法（LPR）、电阻法（ER）、电感测量法、电位法、管道全周向监测方法（FSM）、交流阻抗技术。这些方法的不足之处在于：交流阻抗技术测试冗长，所需仪器设备较昂贵；对低速率腐蚀体系需要低频交流 6 信号，测量有一定困难；在腐蚀的定量测量上不如线性极化法准确方便；试验数据处理繁杂，测量的阻抗谱与构件几何尺寸有关，不适合现场检测。除了以上介绍的几种腐蚀监测研究方法外，超声波测厚法、氢监测、铁离子含量分析法、电化学噪声技术（EPN、ECN）也被广泛应用于油气田的腐蚀监测研究[22]。

孙元疆等[23]对国内外天然气净化装置的腐蚀监测技术进行了调研分析，总结出天然气净化装置腐蚀监测有：①天然气净化装置壁厚监测。这种监测主要从两方面考虑：一方面是对温度较高部位（90℃～120℃）的含酸性介质的胺液体系腐蚀的监测；另一方面是利用低温区域的定点测厚技术评估腐蚀程度，预测剩余寿命。②腐蚀介质含量监测。装置中的腐蚀性介质主要有 H_2S、CO_2 和热稳定盐，天然气净化装置应首先监测原料天然气中的酸性介质如 H_2S、CO_2、H_2O 等，其次监测贫液当中的热稳定胺盐的含量、富液当中的 Fe 离子含量，最后监测溶剂再生系统中酸气 H_2S、CO_2 的浓度。

曾德智等[24]针对净化装置的工艺特点，采用 DG−9500 型探针在各个联合的脱硫、脱水、硫回收、尾气处理、酸水汽提单位布置在线腐蚀监测点，得出了各工艺节点的腐蚀程度，测得在线腐蚀监测和腐蚀挂片所得腐蚀速率基本一致，说明采用的在线监测手段能有效用于监测高含硫净化装置的腐蚀状况。

高含硫净化装置由于工艺环节多、材质类型多样、工艺参数各异，管线腐蚀监测需根据其腐蚀环境特点和服役工况进行有针对性的选择。现有的净化装置腐蚀监测及预测技术大多仅对净化装置的腐蚀情况进行普通的数据收集整理，而少见有对收集来的数据进行大数据处理，同时腐蚀监测点的设置未根据结果进行优化调整，得出的数据可能无法反映腐蚀的真实情况。

1.3 净化装置腐蚀防护工艺

天然气净化装置防腐措施主要包括：设备采用 20G 等低碳钢或低合金钢，而对于腐蚀严重的部位采用不锈钢；采用机械过滤、活性炭过滤和热稳定性盐脱除相结合的方式对脱硫溶液进行过滤分离，使溶液保持清洁；防止氧气进入系统；必要时加入缓蚀剂[25]。

闫振乾等[26]提出：酸性气井如吸收塔之前需要对其进行过滤与分离处理，避免原料气中带入过多的杂质；对胺液储罐等设备进行充氮处理，防止氧气进入设备促进腐蚀；天然气脱硫净化装置须控制再生塔底部的设备温度、酸气负荷等参数在合理控制范围内；对净化装置添加缓蚀剂等进行防护。

对天然气净化脱硫装置应进行热加工处理，当热处理后的设备再次改造后，则需对改造部位再次进行热处理工作。操作温度超过 90℃ 的设备和管线应进行焊后热处理以消除应力，控制焊缝热影响区的硬度小于 HB200[27]。

醇胺溶液降解产物具有很强的腐蚀性，同时腐蚀产物脱落后会对管壁造成很强的冲刷作用而进一步促进腐蚀，因此，需要对溶液中的杂质颗粒进行处理。一方面，采用活性炭过滤器不仅可有效降低溶液中杂质的含量，还能吸附掉溶液中的腐蚀降解产物；另一方面，较细的活性炭会随着溶液进入净化系统，因此需要同时设置机械净化过滤装置。溶液中溶解的腐蚀性离子也会对净化装置的腐蚀有一定促进作用，通常对热稳定性盐的处理方法有加碱减压蒸馏、离子交换及电渗析。

醇胺脱硫溶剂在氧存在下易发生氧化降解而生成热稳定性盐，溶液中的氧还能氧化 H_2S 生成元素硫，后者在加热条件下与醇胺反应生成二硫代氨基甲酸盐类、硫脲类、多硫化合物类和硫代硫酸盐类化合物，进一步增加了溶液对设备和管线的腐蚀性。

Kazem A[28]等针对伊朗某气田生产的天然气，选择合适的烷醇胺溶液对其进行脱臭处理。结果表明，LO-CAT 法和混合胺法在富液酸气负荷下具有较好性能，在防止设备腐蚀方面成本较低。当考虑到资本和运营成本以及酸气负荷时，LO-CAT 工艺是最好的工艺。

在醇胺法天然气净化中，MEA 和 DEA 因其碱性强、抗降解能力差，腐蚀通常较为严重，一般需加入缓蚀剂来减轻腐蚀。

1.4　现阶段研究存在的问题

MDEA 法脱硫装置中的大多数设备是用低碳钢制造的，在生产过程中会不可避免地引起设备的腐蚀。通常脱硫装置的腐蚀主要发生在贫富液换热器的富液一侧，例如在换热器中的富液管线以及有游离酸气和温度较高的再沸器、蒸发器等处。由此可见，MDEA 溶液对管材的腐蚀较为严重，不可忽视。当前对高含硫工况下脱硫装置的腐蚀行为还缺乏深入认识，不同管材在 MDEA 脱硫溶液中的腐蚀机理有待深化研究，而如何有效控制 MDEA 脱硫溶液对管材的腐蚀也亟待解决。

硫回收单元的腐蚀问题研究目前还缺乏系统性，尤其是高负荷高产能工况中的硫回收单元的腐蚀问题还有待深入研究。此外，如何有效控制液硫对净化装置设备、管线的腐蚀，保证硫回收单元的安全生产仍旧是一个工程难题。

在净化装置腐蚀工况恶劣、腐蚀因素多样的复杂环境中，腐蚀监测及预测工作越来越受到重视，包括腐蚀监测点的布置、监测方法的选择、数据的处理、管理等。腐蚀监测可以指导缓蚀剂加注，并为完整性管理提供数据支持。

CR1000 电感式腐蚀监测仪、Corrtran 电化学腐蚀监测仪、Microcoror 电感式腐蚀监测仪、Corroceanlpr/Smartcet 电化学腐蚀监测仪、腐蚀挂片、MS3500E/MS 1500E 腐蚀测试仪等仪器被广泛应用在石油与天然气的腐蚀监测领域。国内外腐蚀速率预测软件主要分为三类：经验型、半经验型及腐蚀机制型。比较可靠的方法还是试验模拟、数值模拟和现场数据分析相结合的方法。

　　近年来，高含硫天然气净化装置虽开展了卓有成效的腐蚀监测工作，但相关腐蚀监测点的位置选择和相应监测方法依旧处于探索阶段，腐蚀监测还不能满足"区域性、系统性、代表性"的要求，仍未形成完整的腐蚀监测体系。目前大多数净化装置和油田的腐蚀预测工作仍处于探索阶段，不同腐蚀预测方法考虑的影响因素也不相同，存在一定局限性。现行的腐蚀预测软件均依托理论模型和室内试验数据，部分预测的腐蚀数据与现场腐蚀数据存在偏差，难以有效地指导腐蚀防控工艺的优化。

参考文献

[1] 裴爱霞，张立胜，于艳秋，等. 高含硫天然气脱硫脱碳工艺技术在普光气田的应用研究 [J]. 石油与天然气化工，2012，41 (1)：17－23.

[2] 吴基荣，毛红艳. 高含硫天然气净化新工艺技术在普光气田的应用 [J]. 天然气工业，2011，31 (5)：99－102.

[3] 邓军. 高含硫天然气净化装置腐蚀影响因素及控制技术研究 [D]. 成都：西南石油大学，2018.

[4] 龙德才. 某高含硫气田脱硫装置腐蚀原因及规律研究 [D]. 成都：西南石油大学，2014.

[5] PESSU F, HUA Y, BARKER R, et al. A study of the pitting and uniform corrosion characteristics of X65 carbon steel in different H_2S-CO_2-containing environments [J]. Corrosion, 2018, 74 (8)：886－902.

[6] SHI F X, ZHANG L, YANG J W, et al. Polymorphous FeS corrosion products of pipeline steel under highly sour conditions [J]. Corrosion Science, 2016, 102：103－113.

[7] CHOI Y-S, NESIC S, JUNG H-G. Effect of alloying elements on the corrosion behavior of carbon steel in CO_2 environments [J]. Corrosion, 2018, 74 (5)：566－576.

[8] EUSTAQUIO-RINCON R，ESTHER REBOLLEDO-LIBREROS M，TREJO A，et al. Corrosion in aqueous solution of two alkanolamines with CO_2 and H_2S: N-methyldiethanolamine plus diethanolamine at 393K [J]. Industrial & Engineering Chemistry Research，2008，47（14）：4726－4735.

[9] ZHOU C S，ZHENG S Q，CHEN C F，et al. The effect of the partial pressure of H_2S on the permeation of hydrogen in low carbon pipeline steel [J]. Corrosion Science，2013，67：184－192.

[10] TANTHAPANICHAKOON W，VEAWAB A. Heat stable salts and corrosivity in amine treating units [C]. Oxford：Pergamon，2003.

[11] DONG B，ZENG D，YU Z，et al. Effects of heat-stable salts on the corrosion behaviours of 20 steel in the MDEA/H_2S/CO_2 environment [J]. Corrosion Engineering Science and Technology，2019，54（4）：339－352.

[12] ROONEY P C，BACON T R，DUPART M S. Effect of heat stable salts on MDEA solution corrosivity [J]. Hydrocarbon Processing，1996，75（3）：95－103.

[13] ZHANG N Y，ZENG D Z，XIAO G，et al. Effect of Cl^- accumulation on corrosion behavior of steels in H_2S/CO_2 methyldiethanolamine (MDEA) gas sweetening aqueous solution [J]. Journal of Natural Gas Science Engineering，2016，30：444－454.

[14] HE W，KNUDSEN O O，DIPLAS S. Corrosion of stainless steel 316L in simulated formation water environment with $CO_2-H_2S-Cl^-$ [J]. Corrosion Science，2009，51（12）：2811－2819.

[15] DING J H，ZHANG L，LU M X，et al. The electrochemical behaviour of 316L austenitic stainless steel in Cl^- containing environment under different H_2S partial pressures [J]. Applied Surface Science，2014，289：33－41.

[16] Dong B J，ZENG D Z，YU Z M，et al. Corrosion mechanism and applicability assessment of N80 and 9Cr steels in CO_2 auxiliary steam drive [J]. Journal of Materials Engineering and Performance，2019，28：1030－1039.

[17] ZENG D Z，DONG B J，ZENG F，et al. Analysis of corrosion failure

and materials selection for $CO_2 - H_2S$ gas well [J]. Journal of Natural Gas Science and Engineering, 2020, 86: 103734.

[18] HANDOKO W, PAHLEVANI F, SAHAJWALLA V. Effect of austenitisation temperature on corrosion resistance properties of dual-phase high-carbon steel [J]. Journal Of Materials Science, 2019, 54 (21): 13775-13786.

[19] DONG B, LIU W, ZHANG Y, et al. Comparison of the characteristics of corrosion scales covering 3Cr steel and X60 steel in $CO_2 - H_2S$ coexistence environment [J]. Journal of Natural Gas Science and Engineering, 2020, 80: 103371.

[20] 廖柯熹, 周飞龙, 何国玺, 等. 流动条件下 20 钢在 H_2S/CO_2 共存体系中的腐蚀行为及预测模型研究 [J]. 材料保护, 2019, 52 (7): 29-36.

[21] ZHANG N Y, ZENG D Z, ZHANG Z, et al. Effect of flow velocity on pipeline steel corrosion behaviour in H_2S/CO_2 environment with sulphur deposition [J]. Corrosion Engineering, Science and Technology, 2018, 53 (5): 370-377.

[22] 邓军. 高含硫天然气净化装置腐蚀影响因素及控制技术研究 [D]. 成都: 西南石油大学, 2018.

[23] 孙元疆, 陈小时, 李伟, 等. 天然气净化装置状态监测与腐蚀防护 [J]. 中国特种设备安全, 2012, 28 (11): 53-57.

[24] 曾德智, 商剑峰, 龙德才, 等. 高含硫天然气净化厂腐蚀规律研究 [J]. 西南石油大学学报 (自然科学版), 2014, 36 (6): 135-142.

[25] 曹文全, 韩晓兰, 赵景峰. 普光天然气净化厂脱硫系统腐蚀及其防护措施 [J]. 化学工业与工程技术, 2011, 32 (6): 57-60.

[26] 闫振乾, 李菁菁. 气体脱硫装置减少溶剂损失和降低设备腐蚀的措施 [J]. 中外能源, 2010, 15 (9): 84-88.

[27] 金华峰. 硫回收装置中冷凝冷却器的腐蚀和防护 [J]. 腐蚀与防护, 2001, 22 (4): 169-172.

[28] KAZEMI A, MALAYERI M, KHARAJI A G, et al. Feasibility study, simulation and economical evaluation of natural gas sweetening processes-Part 1: A case study on a low capacity plant in iran [J]. Journal of Natural Gas Science and Engineering, 2014, 20: 16-22.

第 2 章　高含硫净化厂腐蚀工况

本章系统地分析了高含硫净化厂的现场腐蚀工况环境及腐蚀特征，主要包括天然气脱硫、脱水、硫回收、尾气处理单元及酸水汽提单元，并总结分析了各装置腐蚀分布规律，找出腐蚀薄弱环节及主要的腐蚀风险，进而为制定有针对性的试验研究方案提供依据。

2.1　脱硫单元

天然气净化装置脱硫单元采用成熟的 MDEA 选择性脱硫脱碳法，采用二级吸收工艺，在两个主吸收塔之间设置气相固定床反应器，通过催化作用使天然气中的 COS（氧硫化碳）水解转化为可以被 MDEA 吸收的 H_2S 和 CO_2，并在两个主吸收塔中间设置了冷却器，以达到增强 MDEA 选择性的目的[1]。

脱硫单元设备主要采用 316L、304L、SA516-65 以及 16MnR 等材质，其中两个主吸收塔、胺液再生塔、重沸器以及贫富胺液换热器等都是采用304L 或者 316L 不锈钢[2-3]。吸收塔温度在 40℃～50℃，压力在 8.5 MPa，其主要材质为 SA516-70N 和 316L。

天然气脱硫单元中吸收塔、吸收塔塔底富液管线、闪蒸罐、贫富液换热器、高温富液管线、再生塔上部等部位都处在高酸气腐蚀环境中；而贫富液换热器后的管线和容器，包括贫富液换热器、高温富液管线、重沸器及重沸器返回线、再生塔、再生塔塔底贫液管线、再生塔塔顶酸气管线等部位则处于高温区域。

（1）塔设备

检查吸收塔塔顶内部发现塔壁干净、平整，焊缝完整，塔盘、浮阀完好，分布器等内构件轻微腐蚀，塔底部分内衬板堆焊缝呈现凹槽，内衬板堆焊时残留的许多焊头周围出现腐蚀现象。初步分析可知，衬板堆焊缝质量差，流体冲刷使得此处腐蚀加剧，闪蒸汽吸收塔塔壁、塔填料及支撑整体轻微腐蚀，如

图 2-1 所示。

图 2-1　吸收塔塔底部分内衬板堆焊缝凹陷

（2）换热器

脱硫单元中贫富胺液换热器腐蚀严重，而换热器管板及管束轻微腐蚀。换热器管程操作介质为富胺液，壳程操作介质为贫胺液。由图 2-2 可知，换热器管束的上部（进口端）和下部（出口端）的颜色和腐蚀程度有明显差别，主要是由于温度的变化。换热器管程介质为富胺液，上端富胺液温度较低，腐蚀性相对较小，而富胺液经过管束换热后温度升高，富胺液中含有的硫化氢溶解度降低，部分硫化氢析出，腐蚀性增强。

图 2-2　贫富胺液换热器管束

贫胺液后冷器的材质为碳钢，锈蚀非常严重，见图 2-3，其管程介质为循环水。循环水中含有多种腐蚀性组分，造成了碳钢的严重腐蚀。

图 2—3　贫胺液后冷器管束

（3）再生塔及其重沸器

再生塔的工作介质是酸性气体、水蒸气及醇胺溶液。再生塔内包括两个腐蚀体系：一个是 CO_2—H_2S—H_2O 腐蚀体系，另一个是 RNH_2—CO_2—H_2S—H_2O 腐蚀体系。再生塔内的温度较高，上部温度约为 90℃，高温富胺液进入再生塔后析出大量酸气，从而产生薄膜腐蚀。再生塔中下部温度约为 120℃，腐蚀严重，特别是在靠近重沸器返回线入塔处的上部和入口对面。相对于再生塔中上部来说，塔底流速低，流体基本上为液相，溶液中酸性物质含量低。由于醇胺脱硫溶液是一种弱碱，不锈钢暴露在热的醇胺溶液中在受到一定应力作用时就可能发生碱脆。对于焊后未进行热处理消除应力或热处理不好的再生塔来说，不仅易发生硫化物应力腐蚀，也可能发生碱脆腐蚀[4]，因此，焊接材质的抗硫化物应力腐蚀开裂敏感性能需要明确。如图 2—4 所示，再生塔塔顶内部几乎无腐蚀痕迹，设备完好无破损，而塔底则有少量浅蚀坑，整体轻微腐蚀。胺液再生塔塔顶内部干净，器壁平整，焊缝完整，分布槽、填料、回流管等内构件完好，塔底有较小浅蚀坑，总体轻微腐蚀。

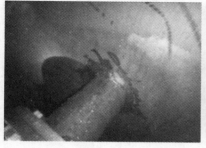

（a）塔顶内部腐蚀形貌　　　　　（b）塔底腐蚀形貌

图 2-4　再生塔内部腐蚀形貌

　　重沸器内温度高，一般都在 110℃ 以上，胺液再生塔重沸器的封头（碳钢）为赤红色，如图 2-5 所示。脱硫溶剂经重沸器加热后解析出 H_2S 和 CO_2，在重沸器上半部靠近出口处 H_2S、CO_2 的浓度更高，从而造成这些部位严重腐蚀。由于受溶液沸腾的影响，重沸器器壁和管束出现剥皮似的腐蚀。在热虹式重沸器管板外圈，由于溶体易处于滞留状态，更易产生沉积物而引起坑点腐蚀。

图 2-5　胺液再生塔重沸器封头

2.2　脱水单元

　　天然气净化装置主要采用溶剂吸收法进行脱水处理，主要吸收溶剂为三甘醇[5]。TEG 脱水装置主要由吸收系统和再生系统两部分构成，工艺过程的核心设备是吸收塔。来自脱硫单元的湿天然气经过脱硫后，其中的酸性组分已经基本被脱除。

（1）脱水单元工况及设备材质

天然气净化装置的脱水装置分为吸收系统和再生系统。湿天然气经过设备脱硫处理后，酸性组分已经基本被脱除。

（2）脱水单元腐蚀情况

该单元除三甘醇再生系统的再生塔外，其他的塔设备温度都较低。如图2-6所示，三甘醇脱水塔塔顶有少许浮锈，器壁平整，填料规整，分布器、填料支撑等内构件轻微腐蚀；再生塔内壁颜色光亮，轻微腐蚀。

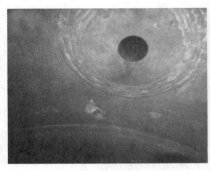

（a）脱水塔塔顶腐蚀形貌　　　　　（b）再生塔内壁腐蚀形貌

图2-6　脱水单元腐蚀形貌

2.3　硫回收单元

硫回收单元采用成熟的常规 Claus 硫回收工艺，采用一级高温热转化和二级低温催化转化相结合的工艺，酸性气全部进入高温反应炉，用空气燃烧1/3的 H_2S 使其生成 SO_2，其余2/3的 H_2S 与生成的 SO_2 反应生成单质硫，硫回收率可达95%。硫回收单元主要设备包括反应炉、余热锅炉、转化器、再热器和冷凝器等。冷凝器材质主要为碳钢。通过冷凝器的介质主要是液态硫、酸性气和水蒸气等。

经过实际现场调研发现硫冷凝器内的焊缝腐蚀比较严重。管材介质为液态硫、酸性气等，壳程主要为冷凝水。如图2-7所示，第一、二级余热锅炉管板陶瓷套管均有不同程度的开裂、破损，炉内衬里局部存在开裂、剥落的现象，管束存在泄漏。

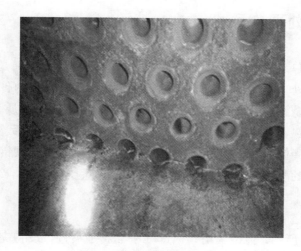

图 2-7　陶瓷套管开裂情况

图 2-8 为第二级硫冷凝器管口腐蚀情况。由图可知，入口管口多处泄漏，泄漏处管口有白色结晶物，管口有腐蚀减薄。管口内侧氧化严重且有不同程度脱落。采用内窥镜进行检查，发现腐蚀主要存在于管口，管内其他部位未见锈蚀痕迹。管口结有少许白垢，管外附着薄层泥垢，基体较平滑，由此可知，管口的焊缝部位为主要泄漏口。

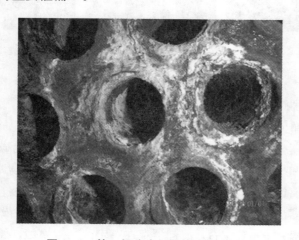

图 2-8　第二级硫冷凝器管口腐蚀情况

2.4　尾气处理单元

尾气处理单元主要包括两个部分：一是尾气还原部分；二是醇胺吸收及再生部分。尾气处理单元的急冷塔壳体材质为 20G＋304L，内件材质为 304L。尾气吸收塔类型为浮阀塔，壳体材质为 SA516－65，内件材质为 304L。尾气处理单元的换热器主要由加氢反应器、出口冷却器和急冷塔后冷器组成，其中急冷塔后冷器壳体材质为 20G，管束材质为 304L，管板为碳钢，管程介质主要为水和少量的酸性气，壳程介质为循环水。加氢反应器出口冷却器壳体材质为 16MnR，管束为 C.S 碳钢。

（1）急冷塔和尾气吸收塔

如图 2－9 所示，急冷塔塔顶内部几乎无腐蚀痕迹，设备完好无破损，塔底有少量浅蚀坑，整体腐蚀程度轻微。尾气吸收塔类型为浮阀塔，塔板干净光亮，塔壁光滑平整，几乎无腐蚀，底部有较小浅蚀坑，但是和内件连接的碳钢有轻微的腐蚀。

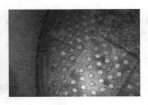

（a）急冷塔塔顶　　　（b）急冷塔内部　　　（c）尾气吸收塔内部

图 2－9　急冷塔和尾气吸收塔内部腐蚀情况

（2）换热器

尾气处理单元的换热器主要有加氢反应器出口冷却器和急冷塔后冷器，其中急冷塔后冷器壳体材质为 20G，管束材质为 304L，管板为碳钢，其中管程介质主要为水和少量的酸性气，壳程介质为循环水。通过现场调研发现急冷塔后冷器的壳体腐蚀严重，管板也有一定的腐蚀，管束整体腐蚀轻微。

加氢反应器出口冷却器壳体材质为 16MnR，管束为 C.S 碳钢。由于整体温度较高，一般在 300℃左右，冷却器存在一定的高温腐蚀，管束和壳体都呈赤红色。

2.5　酸水汽提单元

　　酸水汽提单元主要是对来自尾气处理单元、硫回收单元以及脱硫单元的酸性水进行低压高温汽提处理，汽提分离出酸性水中的 H_2S 和 CO_2 并送往尾气处理单元的急冷塔，汽提后的水用于对循环水系统进行补充。酸水汽提单元主要包括酸水汽提塔、重沸器及一些换热器，其中酸水汽提塔壳体材质为 SA516-65，内件材质为 304L，塔的类型为填料塔。酸水汽提塔的整体温度在 100℃ 左右，换热器壳体材质为碳钢，管束材质 304L。

　　酸水汽提塔内部填料支撑由于温度较高，呈金黄色，但是整体腐蚀情况比较轻。换热器壳体材质为碳钢，管束材质 304L，腐蚀程度也较轻［见图 2-10（a）］。

　　净化水冷却器管板局部存在浅蚀坑，管束外表面密布细小麻点，换热器整体腐蚀轻微，换热器管板及管束轻微腐蚀，而不锈钢材质有点蚀痕迹［见图 2-10（b）］。

　　中间胺液冷却器在净化装置中比较关键，设计要求换热面积大。由于循环水走壳程，流速减慢，水中的各种物质容易沉积在扭曲管的表面。扭曲管由于增大了换热面积，也给水垢等物质的沉积提供更有利的场所［见图 2-10（c）、（d）］。

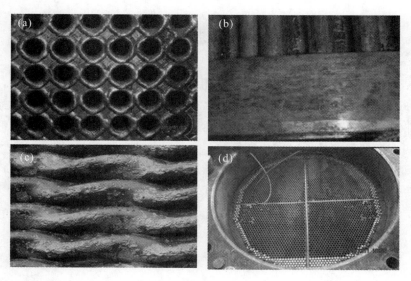

(a) 净化水冷却器；(b) 净化水冷却器；(c)、(d) 中间胺液冷却器

图 2-10　酸水汽提单元腐蚀情况

循环水对金属的腐蚀是金属和其所处环境之间发生的化学或电化学反应而引起金属的破坏现象。在冷却水系统中，腐蚀主要以氧腐蚀为主。这种腐蚀反应在敞开式循环冷却水系统中会引起很多危害，例如使系统的输水管线、水冷设备损坏而寿命减少外，同时由于腐蚀产生的锈瘤，还会引起水冷器传热效率下降或管线阻塞等问题。

结垢是指在水中溶解或悬浮的无机物，由于种种原因，沉积在金属表面上。敞开式循环冷却水系统的结垢主要成分有 $CaCO_3$ 和腐蚀产物两种。由于缓蚀剂的使用，腐蚀产物会减少，结垢主要以 $CaCO_3$ 垢、$Ca_3(PO_4)_2$ 垢及锌垢为主要成分。垢的产生会引起水冷设备换热效率下降，管线的阻力增大，从而导致循环水量减少或列管的堵塞等。敞开式循环冷却水系统中影响结垢的主要因素是冷却水 pH 值、钙含量、总碱度、水温、流速及金属表面状况等。

粘泥问题主要指的是换热器等内壁附着的黏性的污物，这种污物主要由细菌及藻类等微生物的分泌产物同时黏附了水中悬浮杂质而形成。生物粘泥产生的后果与结垢一样会影响传热，堵塞列管，引起局部的腐蚀等危害。影响粘泥生成的主要因素与水温、pH、溶解氧含量、营养源及金属表面特性等有关。

系统的金属管线还会因其他的离子如氯离子和硫酸根离子的存在而引起危害，Cl^- 和 SO_4^{2-} 均属强腐蚀性离子，特别是 Cl^-，由于其半径小，容易穿透钝化膜表面的细孔而产生点蚀现象。

2.6　腐蚀总体特征及腐蚀薄弱环节分析

表 2-1 为装置设备材质、工况及相应的腐蚀状况，通过分析可知，该装置的腐蚀薄弱环节主要集中在脱硫单元和硫回收单元，尤其是胺液再生系统和硫回收冷却系统，主要的腐蚀类型包括局部腐蚀（点蚀）、全面腐蚀、冲刷腐蚀，并且伴随开裂情况（陶瓷套管）[6-9]。高含硫净化装置使用的材质主要包括碳钢、304L 和 316L 奥氏体不锈钢以及碳钢（母材）/316L（内覆）复合管。采用碳钢的装置腐蚀程度较为严重，而采用奥氏体不锈钢的装置腐蚀相对轻微，但焊缝区的腐蚀值得重视，运行温度偏高的单元装置腐蚀也相对严重[10-11]。

表 2-1　主要塔设备材质、工况及腐蚀状况汇总表

单元名称	设备名称	设备材质	腐蚀介质	工况分析	
				工况温度（℃）	工况压力（MPa）
脱硫单元	天然气进料分离器	SA516－70N＋316L	天然气、水	40	8.395
	第一级主吸收塔	SA516－70N＋316L	半贫胺液＋天然气	43	8.360
	水解反应器进出料换热器	16MnR＋316L	酸性天然气	43～124	8.300
	水解反应器入口分离器	16MnR＋316L	酸性天然气	110	8.300
	水解反应器预热器	16MnR＋316L	酸性天然气	110～141	8.300
	水解反应器	SA516－70N＋316L	酸性天然气	141	8.260
	第二级主吸收塔	SA516－70N＋316L	贫胺液＋天然气	40	8.800
	脱硫气体分液罐	16MnR＋316L	脱硫天然气	43	8.150
	中间胺液冷却器	SA516－70	半富胺液	39～46	8.378
	富胺液闪蒸罐	20G＋316L	富胺液	59	0.690
	闪蒸汽吸收塔	16MnR＋304L	酸气＋水蒸气	40	0.684
	贫富液换热器（管程）	304L	富胺液＋酸性气	59～105	0.490～0.690
	贫富液换热器（壳程）	20G＋304L	贫胺液＋酸性气	70～128	0.210～0.810
	胺液再生塔上部	16MnR＋304L	胺液＋水蒸气＋酸气	100	0.200
	胺液再生塔下部	SA516－65	胺液＋水蒸气＋酸气	128	0.200
	胺液再生塔顶空冷器	C.S＋304L	水蒸气＋酸气＋胺液	50～100	0.180
	胺液再生塔顶回流罐	20G＋304L＋316L	酸性气＋酸性水＋胺液	50	0.180
	胺液重沸器	16MnR＋SA516－65＋304L	酸性气	128	0.215
脱水单元	脱水塔	16MnR＋316L	脱硫天然气＋TEG	43	8.150
	净化天然气分液罐	16MnR＋304L	净化天然气	44	8.100
	TEG 闪蒸罐	20G＋316L	三甘醇	47	0.517
	净化天然气分液罐	16MnR＋304L	净化天然气	44	8.100
硫回收单元	反应炉	C.S－N	酸性气＋空气	1067	0.154
	第一级反应料加热器	16MnR＋C.S	硫＋酸性气	175～214	0.145
	一级转化器	20G＋304	酸性气	214～298	0.140
	第一级硫冷凝器	16MnR＋C.S	液硫＋酸性气	175～298	0.150
	第二级反应料加热器	16MnR＋C.S	硫＋酸性气	175～212	0.145
	二级转化器	20G＋304	酸性气	214～298	0.140
	第二级硫冷凝器	16MnR＋C.S	液硫＋酸性气	175～290	0.140
	末级硫冷凝器	16MnR＋C.S	液硫＋酸性气	132～237	0.128
尾气处理单元	急冷塔	20G＋304L	急冷水	40～183	0.120
	尾气吸收塔	SA516－65＋304L	胺液＋酸气	160	0.400

单元名称	设备名称	设备材质	腐蚀介质	工况分析	
				工况温度（℃）	工况压力（MPa）
酸水汽提单元	酸水缓冲罐	SA516−65＋C.S	酸水	61	0.500
	酸水汽提塔	20G＋304L	酸水	91～105	0.122
	酸水汽提塔进料换热器	20G＋304L＋SA516−65（HIC）	酸水	60～90	0.500
	净化水冷却器	C.S	净化水	43～77	0.530
	酸水汽提塔重沸器	16MnR＋304L＋SA516−66	酸水	107	0.129

2.7 小结

（1）通过分析现场天然气净化装置腐蚀特征，确定了该装置主要的腐蚀类型，包括局部腐蚀（点蚀）、全面腐蚀、冲刷腐蚀，并且陶瓷套管出现开裂；明确了高含硫净化装置的腐蚀风险，主要包括酸气（H_2S/CO_2）、氯离子、热稳定性盐、液硫及酸性大气腐蚀等。此外，材质、温度、流速等也与净化装置的腐蚀紧密相关。

（2）高含硫天然气净化装置的腐蚀薄弱环节主要集中在脱硫单元和硫回收单元，需要重点开展评价研究和腐蚀防控工艺优化研究。

参考文献

[1] 吴基荣，毛红艳. 高含硫天然气净化新工艺技术在普光气田的应用 [J]. 天然气工业，2011，31（5）：99−102，125.

[2] 王利波，董利刚，李碧曦. 普光气田净化厂净化装置管线的材质升级改造 [J]. 炼油与化工，2017，28（6）：45−47.

[3] 张诚. 316L不锈钢在普光净化厂含氯胺液中的应力腐蚀开裂 [J]. 腐蚀与防护，2016，37（11）：900−903，907.

[4] 许述剑，刘小辉，于艳秋，等. 天然气净化厂大型硫冷凝器腐蚀泄漏案例分析 [J]. 安全、健康和环境，2015，15（5）：11−14.

[5] 任丹，陈刚. 高含硫天然气净化厂胺液净化技术研究 [J]. 硫酸工业，2018（7）：22−24.

[6] 张小建，王雪峰，宋延达，等. 硫联合装置停工期间的腐蚀检查与分析 [J]. 石油化工腐蚀与防护，2021，38（2）：14−19.

［7］王丽萍. 天然气脱硫装置腐蚀控制技术应用［J］. 硫酸工业，2016（4）：57－59.

［8］彭礼成. 硫回收联合装置的腐蚀与防护［J］. 石油化工腐蚀与防护，2019，36（1）：31－36.

［9］赵敏. 硫回收装置尾气处理单元腐蚀问题分析［J］. 石油化工腐蚀与防护，2017，34（3）：29－32.

［10］曾德智，商剑峰，龙德才，等. 高含硫天然气净化厂腐蚀规律研究［J］. 西南石油大学学报（自然科学版），2014，36（6）：135－142.

［11］刘元直，商剑峰，林宏卿，等. 高含硫净化厂硫成型装置的湿气腐蚀机理［J］. 天然气工业，2014，34（4）：137－141.

第3章　脱硫单元腐蚀影响因素及机理研究

鉴于高含硫天然气净化装置腐蚀原因和腐蚀类型的复杂性，本章综合采用电化学法、腐蚀失重法以及四点弯应力腐蚀评价方法，进行不同条件下的净化装置材质腐蚀规律评价，弄清影响净化装置腐蚀的关键因素，明确腐蚀规律及腐蚀机理，为制定有效的腐蚀防控措施提供理论依据。

3.1　试验材料、方法及设备

3.1.1　试验材料

本章主要以 20G 钢、304L 不锈钢和 316L 不锈钢作为腐蚀评价对象，具体化学组分见表 3-1。

表 3-1　不同不锈钢的主要化学组分

单位：wt%

材质	Cr	Ni	Mo	Mn	Si	S	C	P
20G	0.00	0.00	0.00	0.51	0.22	0.028	0.220	0.012
304L	19.00	9.40	0.00	1.42	0.54	0.012	0.022	0.024
316L	17.04	11.14	2.16	1.44	0.54	0.012	0.020	0.020

3.1.2　腐蚀失重法试验

在每组试验中，每种材质准备 6 个试样，其中 3 个试样的加工规格为 30 mm×15 mm×3 mm，用于计算失重腐蚀速率；另外 3 个试样的加工规格为 15 mm×10 mm×3 mm，用于观察腐蚀产物形貌以及分析腐蚀产物成分。试样分别用 240♯、400♯、600♯、800♯、1200♯ 的砂纸逐级打磨光滑，然后用石油醚及酒精清洗，冷风吹干，准备试验。高温高压釜采用西南石油大学自主设计制造的 C276 高温高压循环流动釜（见图 3-1）。

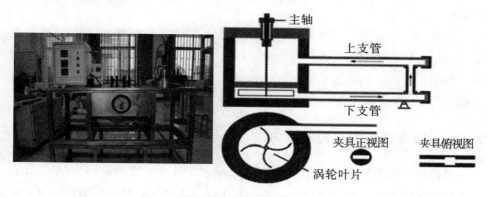

主轴

上支管

下支管

夹具正视图   夹具俯视图

涡轮叶片

图 3-1 C276 高温高压循环流动釜示意图

首先将样品装在试验夹具中，然后将夹具放入高温高压循环流动釜的流动通道内，采用 N_2 赶 O_2，然后安装循环流道端盖。根据试验方案，向釜体中加入适量已经除 O_2 的腐蚀溶液（主要为 MDEA 脱硫溶剂）以及其他腐蚀介质，如氯离子、热稳定性盐等，密封装釜后关闭出气阀。待升至预定温度后，向釜内通入 H_2S、CO_2，关闭釜盖。启动搅拌系统并开始采集试验数据，试验周期为72 h。待试验结束后，取出试验样品。将腐蚀产物样品用酒精清洗后冷风吹干，并用干净的滤纸包好保存。将计算腐蚀速率的样品取出后用去膜液清洗腐蚀产物，然后依次用蒸馏水及乙醇进行多次清洗，最后冷风吹干等待称重。试验前后，采用精度为 0.1 mg 的天平对样品进行称重，并采用式（3-1）计算其腐蚀速率[1]：

$$v = 87600 \frac{\Delta m}{\rho A \Delta t} \qquad (3-1)$$

式中，v 为腐蚀速率，mm/a；Δm 为腐蚀试验前后试样的质量之差，g；ρ 为试样密度，g/cm^3；A 为试样表面积，cm^2；Δt 为腐蚀时间，h。

采用扫描电镜观察试样的腐蚀形貌，并利用附带的电子能谱仪分析腐蚀产物元素含量。利用 X 衍射仪和 X 射线光电子能谱分析仪分析腐蚀产物成分。

3.1.3 电化学法

将试验材质加工为直径 10 mm，高 10 mm 的圆柱形尺寸试样，各试样通过锡焊将铜导线与试样连接，然后使用环氧树脂封装，使得露出电极的工作面积为 0.73854 mm^2，试样依次经过 240♯、400♯、600♯、800♯砂纸打磨至平整光亮，表面无明显划痕，然后使用蒸馏水冲洗、丙酮去油、酒精去水、冷风吹干。

电化学试验采用三电极体系，参比电极为饱和甘汞电极（SCE），辅助电极（对电极）为铂电极。待自腐蚀电位稳定后进行交流阻抗测试和极化曲线测试，测试参数设置频率为 0.01~100000 Hz，交流信号幅值为 ± 5 mV。动电位扫描电位为 -0.6~1.4 V（相对于自腐蚀电位），扫描速率为 1 mV/s。

3.1.4　四点弯应力腐蚀测试方法

试验材质选取带焊缝的 316L 不锈钢，将其加工为 110 mm×12 mm×3 mm 的试样，焊缝区域尽量靠近试样中心，利用自研应力加载装置[2]加载应力，应力加载示意图如图 3-2 所示。

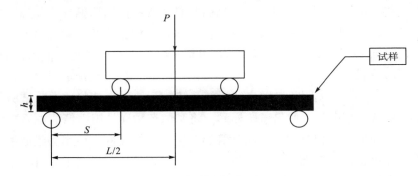

图 3-2　四点弯曲应力加载示意图

根据国标 GB/T 15970.2—2000，最大挠度计算模型如下：

$$P = 12Ehy/(3L^2 - 4S^2) \tag{3-2}$$

式中，P 为最大张应力，Pa；E 为弹性模量，Pa；h 为试样厚度，m；y 为外支点间的最大挠度，m，L 为外支点间的距离，m；S 为内外支点间的距离，m，通常选择尺寸使 $S = L/4$。

首先将各组试样洗净并施加应力后，分别放入釜内指定位置，并倒入配置好的溶液直至所有夹具完全浸入试验溶液当中，将釜密封；向釜内通入 N_2 以驱赶 O_2，通过时长为 2 h，然后对釜体升温，待温度达到 24℃，通入 CO_2 气体至试验分压，再通入 H_2S 气体至试验分压，待釜内参数稳定后关闭阀门，开始进行试验。试验周期为 720 h。试验结束后，降温泄压，取出夹具。夹具取出后，观察试样是否出现断裂或裂痕，然后卸载取下试样，清洗干净后观察试样表面是否有裂纹。

3.2　溶液介质对设备腐蚀的影响研究

3.2.1　UDS 联合溶剂腐蚀性评价

试验材质分别采用 20G 钢、304L 不锈钢和 316L 不锈钢，试样的尺寸为 30 mm×15 mm×3 mm，腐蚀溶液为 UDS 联合溶液（脱硫溶液）。试验主要包括高温低压（100℃，0.5 MPa）和低温高压（40℃，8.5 MPa）两组试验，试验周期为 5 d。

图 3-3 为 40℃，8.5 MPa 条件下三种材质在 UDS 联合溶液中的腐蚀失重值。由图 3-3 可知，在 40℃，8.5 MPa 条件下，UDS 对各种材质基本无腐蚀，腐蚀失重数据在小数点后四位，均在称量误差范围内。

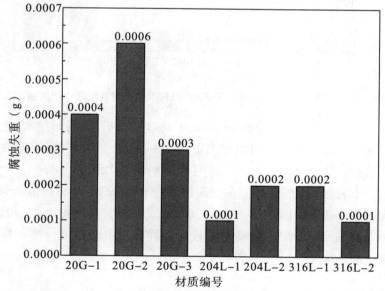

图 3-3　40℃，8.5 MPa 条件下三种材质在 UDS 联合溶液中的腐蚀失重值

图 3-4 为 100℃，0.5 MPa 条件下三种材质在 UDS 联合溶液中的腐蚀速率。由图 3-4 可知，在 100℃，0.5 MPa 下，UDS 联合溶剂对 20G 钢的腐蚀性较强，其腐蚀速率远远超过了净化装置的腐蚀控制范围（<0.075 mm/a）；对于 304L 不锈钢和 316L 不锈钢，UDS 联合溶剂的腐蚀性较小，并无明显的腐蚀。

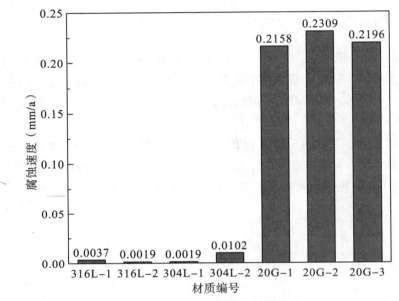

图 3-4　100℃，0.5 MPa 条件下三种材质在 UDS 联合溶液中的腐蚀速率

由于 100℃，0.5 MPa 条件下 304L 不锈钢和 316L 不锈钢在 UDS 联合溶液中腐蚀非常轻微，其表面的腐蚀产物非常少，因此仅对 20G 钢的腐蚀产物进行深入分析，结果分别如图 3-5、图 3-6 所示。由图 3-5 可知，20G 钢在试验后表面有较多的腐蚀产物，但是腐蚀产物附着力较小，易脱落，未能形成致密的腐蚀产物膜。由图 3-6 可知，20G 钢表面的腐蚀产物主要为硫铁化合物。此外，腐蚀产物外层硫含量相对较高，说明其中硫铁化合物含量相对较高，主要为硫化氢腐蚀。

图 3-5　20G 钢在 UDS 脱硫溶剂中腐蚀产物的微观形貌

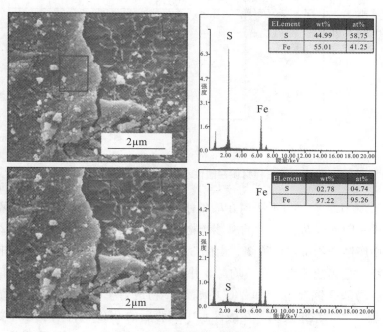

图 3-6　20G 钢在 UDS 脱硫溶剂中腐蚀产物的能谱结果

3.2.2 酸性水腐蚀性评价

酸性水试验的介质溶液为现场原料气入口分离器中的酸性水。试验材质为 20G 钢、304L 不锈钢和 316L 的不锈钢，试样规格为 30 mm×15 mm×3 mm，试验周期为 5 d；试验条件为 40℃，8.5 MPa。

图 3-7 为三种材质在酸性水中试验后的失重腐蚀速率。如图 3-7 所示，在酸性水腐蚀条件下，20G 钢的腐蚀相对严重，腐蚀速率达到 0.1565 mm/a，约是净化厂腐蚀控制值（0.075 mm/a）的 2 倍，而 304L 和 316L 不锈钢失重腐蚀速率较低，远低于净化装置腐蚀控制值范围。

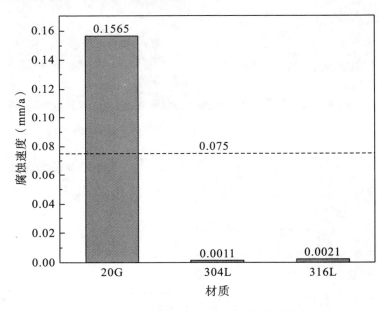

图 3-7　三种材质在酸性水中试验后的失重腐蚀速率

由于 304L 和 316L 不锈钢在酸性水溶液中的腐蚀非常轻微，附着的腐蚀产物较少，因此仅对 20G 钢的腐蚀产物进行进一步分析。图 3-8 为 20G 钢在酸性水中腐蚀产物微观形貌图。由图 3-8 可知，20G 钢表面覆盖有非常多的腐蚀产物，且腐蚀产物分布不均匀，并未形成致密的腐蚀产物膜，同时金属基体表面有局部腐蚀痕迹。对 20G 的腐蚀产物进行 EDS 分析，分析结果见图 3-9 和表 3-2。结果表明，在酸性水中试验后的 20G 钢外层腐蚀产物主要由 C、O、S、Fe 四种元素组成，腐蚀产物主要为 $FeCO_3$ 和硫铁化合物；内层腐蚀产物主要为硫铁化合物。

图 3—8　20G 钢在酸性水中腐蚀产物的微观形貌

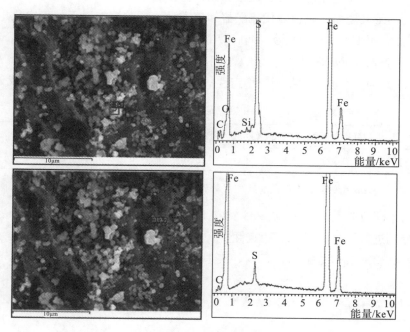

图 3—9　20G 钢在酸性水中腐蚀产物的能谱结果

表 3-2　腐蚀产物元素分析结果

元素	外层（wt%）	内层（wt%）
C	1.60	0.68
O	13.88	0.00
Si	0.53	0.00
S	33.50	3.41
Fe	50.49	95.91
总量	100.00	100.00

3.3　环境介质对腐蚀的影响规律及影响机理研究

3.3.1　热稳定性盐对腐蚀的影响

常见的热稳定性盐包含有机盐和无机盐，其中有机盐有甲酸盐、乙酸盐和草酸盐，无机盐主要包含硫代硫酸盐和硫酸盐。试验溶液以天然气净化厂提供的 50% 的 MDEA 溶液为底液，向底液中添加热稳定性盐配制成富胺溶液。以无机盐（NaCl、$Na_2S_2O_3$、Na_2SO_4）和有机盐（CH_3COONA、HCOONa、$C_2Na_2O_4$）为主要原料制备了热稳定性盐。表 3-3 为热稳定性盐的主要成分。

表 3-3　热稳定性盐的主要成分

物质	CH_3COONa	HCOONa	$C_2Na_2O_4$	NaCl	$Na_2S_2O_3$	Na_2SO_4
含量（ppm）	2000	49	213	696	21	1108

注：此处 ppm 为溶质质量占溶液质量的百万分比。

为了研究热稳定性盐对 20G 钢在 $MDEA/H_2S/CO_2$ 环境中腐蚀行为的影响，分别进行了 4 组（无热稳定性盐、无机盐、有机盐、无机—有机盐）腐蚀试验。试验的具体方案见表 3-4，表中各有机盐和无机盐的含量见表 3-3。

表 3-4　试验方案

测试组次	温度（℃）	溶液环境
A		$50\%MDEA+H_2S/CO_2$
B		$50\%MDEA+H_2S/CO_2+$（$NaCl$、$Na_2S_2O_3$、Na_2SO_4）
C	130	$50\%MDEA+H_2S/CO_2+$（CH_3COONa、$HCOONa$、$C_2Na_2O_4$）
D		$50\%MDEA+H_2S/CO_2+$（$NaCl$、$Na_2S_2O_3$、Na_2SO_4）+（CH_3COONa、$HCOONa$、$C_2Na_2O_4$）

3.3.1.1　对失重腐蚀速率影响

图 3-10 为热稳定性盐对 20G 钢在 $MDEA/H_2S/CO_2$ 气相和液相环境中腐蚀速率影响。如图 3-10a 所示，20G 钢在气相环境（无热稳定性盐）中的腐蚀速率为 0.1973 mm/a；在有机盐和无机盐分别存在时，20G 钢的腐蚀速率变化轻微，其中在有机盐中的腐蚀速率为 0.1885 mm/a，在无机盐中的腐蚀速率为 0.1939 mm/a。当有机盐和无机盐同时存在时，20G 钢的腐蚀速率急剧增加至 0.2609 mm/a。如图 3-10b 所示，20G 钢在 $MDEA/H_2S/CO_2$ 液相环境（无热稳定性盐）中的腐蚀速率为 0.4221 mm/a；当有机盐和无机盐分别存在时，20G 钢的腐蚀速率显著降低，其中在有机盐中的腐蚀速率为 0.0586 mm/a，在无机盐中的腐蚀速率为 0.0816 mm/a。当有机盐和无机盐同时存在时，20G 钢的腐蚀速率急剧增加至 0.4405 mm/a。

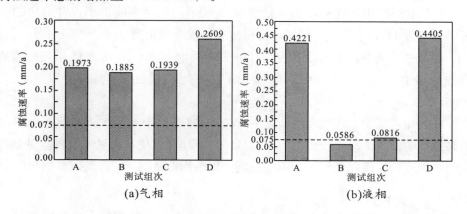

图 3-10　20G 钢在 $MDEA/H_2S/CO_2$ 气相和液相环境中的平均腐蚀速率

为了定量分析和探讨热稳定性盐对 20G 钢腐蚀程度的影响，将腐蚀影响指数定义为：

$$I = \frac{V_i - V_0}{V_0} \times 100\% \qquad (3-3)$$

式中，V_i 是 20G 钢在含热稳定性盐的 MDEA/H_2S/CO_2 溶液中的腐蚀速率，单位为 mm/a；V_0 是 20G 钢在 MDEA/H_2S/CO_2 溶液中的腐蚀速率，单位为 mm/a；i 是热稳定性盐的类型。若 I 值为正，说明该因素会促进腐蚀；若 I 值为负，说明该因素抑制腐蚀。依据式（3-3）分别对气相—无机盐腐蚀影响率 $I(A_1)$、气相—有机盐腐蚀影响率 $I(B_1)$、气相—有机盐—无机盐腐蚀影响率 $I(A_1+B_1)$、液相—无机盐腐蚀影响率 $I(A_2)$、液相—有机盐腐蚀影响率 $I(B_2)$ 和液相—有机盐—无机盐腐蚀影响率 $I(A_2+B_2)$ 进行计算，其计算结果见表 3-5。

表 3-5　腐蚀影响指数计算结果

序号	腐蚀影响指数	气相	液相
1	有机盐 $I(A)$	$I(A_1)$：-4.46%	$I(A_2)$：-86.11%
2	无机盐 $I(B)$	$I(B_1)$：-1.72%	$I(B_2)$：-80.66%
3	有机—无机盐 $I(A+B)$	$I(A_1+B_1)$：32.20%	$I(A_2+B_2)$：4.35%

表 3-5 的计算结果表明：

在气相和液相环境中，无机盐和有机盐都对材料的腐蚀有一定的抑制作用，且有机盐对腐蚀的抑制作用大于无机盐。

在气相环境中，无机盐和有机盐对 20G 钢的腐蚀影响很小。有机盐的腐蚀影响指数 $I(A_1)$ 为 -4.46%，无机盐的腐蚀影响指数 $I(B_1)$ 为 -1.72%。

在液相环境中，无机盐和有机盐显著地抑制了 20G 钢的腐蚀。有机盐的腐蚀影响指数 $I(A_2)$ 为 -86.11%，无机盐的腐蚀影响指数 $I(B_2)$ 为 -80.66%。

在气相环境中，无机—有机盐对 20G 钢的腐蚀影响较大，无机—有机盐的腐蚀影响指数 $I(A_1+B_1)$ 为 32.2%；在液相环境中，无机—有机盐对 20G 钢的腐蚀影响轻微，无机—有机盐的腐蚀影响指数 $I(A_2+B_2)$ 为 4.35%。

3.3.1.2　腐蚀产物形貌的影响

（1）20G 钢在富胺液中的腐蚀行为

图 3-11 为 20G 钢在 MDEA/H_2S/CO_2 气相环境中腐蚀产物的微观形貌和能谱结果。如图 3-11（a）～（c）所示，20G 钢表面上形成了主要元素为

C、Fe、O 和 S 的球状产物 [见图 3-11 (f)]。此外，球状产物之间也观察到微小的孔隙。同时，主要元素为 C 和 S 的菱形产物也分散在球状产物上 [见图 3-11 (e)]，20G 钢的腐蚀产物为双层膜结构 [见图 3-11 (d)]。

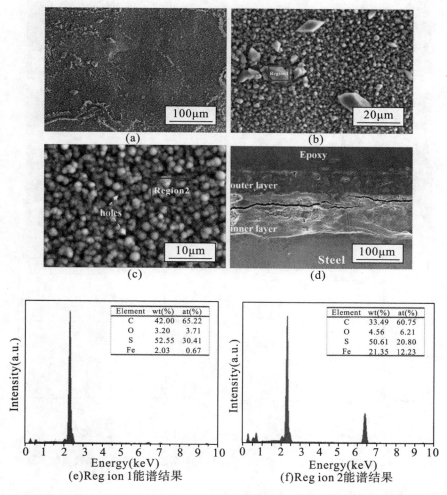

图 3-11　20G 钢在 MDEA/H_2S/CO_2 气相环境中腐蚀产物的微观形貌和能谱结果

　　图 3-12 为 20G 钢在 MDEA/H_2S/CO_2 液相环境中腐蚀产物的微观形貌和能谱结果。如图 3-12 (a) ～ (c) 所示，20G 钢的表面形成了疏松多孔的腐蚀产物膜。同时，在 20G 钢腐蚀产物膜的表面形成了 C 和 S 为主要元素的不规则的产物 [见图 3-12 (e)]，20G 钢的腐蚀产物具有双层结构 [见图 3-12 (d)]。

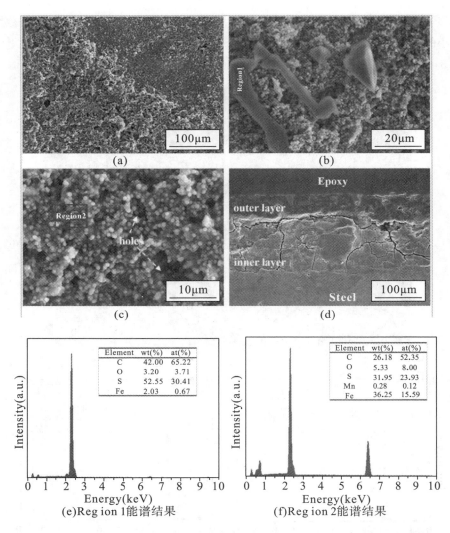

图 3-12　20G 钢在 MDEA/H_2S/CO_2 液相环境中腐蚀产物的微观形貌和能谱结果

（2）无机盐的影响

图 3-13 为 20G 钢在含无机盐的 MDEA/H_2S/CO_2 气相环境中腐蚀产物的微观形貌和能谱结果。由微观形貌图可看出，不均匀且致密的腐蚀产物膜堆垛在钢的表面 ［见图3-13（b）］。由于腐蚀产物膜均匀而致密，阻止了腐蚀介质与基体的接触，故腐蚀程度减弱，该腐蚀产物的主要元素为 C、S 和 Fe ［见图 3-13（e）］。

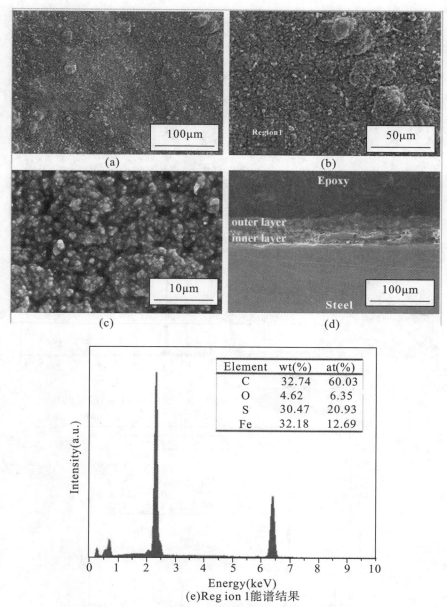

Element	wt(%)	at(%)
C	32.74	60.03
O	4.62	6.35
S	30.47	20.93
Fe	32.18	12.69

(e)Region1能谱结果

图 3−13　20G 钢在含无机盐的 MDEA/H_2S/CO_2 气相环境中
腐蚀产物的微观形貌和能谱结果

图 3−14 为 20G 钢在含无机盐的 MDEA/H_2S/CO_2 液相环境中腐蚀产物的微观形貌和能谱结果。从图中可以看出腐蚀产物膜分为两层，且外层的腐蚀产物膜发生破裂。致密的腐蚀产物膜的表面散落着针状的腐蚀产物〔见图

3-14（b）]。依据 EDS 结果，针状的产物和腐蚀产物的主要元素为 C、S 和
Fe［见图 3-14（e）］。

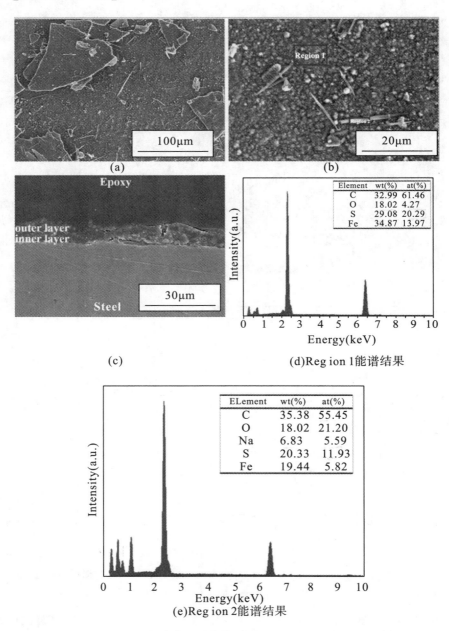

图 3-14　20G 钢在含无机盐的 MDEA/H_2S/CO_2 液相环境中
腐蚀产物的微观形貌和能谱结果

（3）有机盐的影响

图 3-15 为 20G 钢在含有机盐的 MDEA/H_2S/CO_2 气相环境中腐蚀产物的微观形貌和能谱结果。球状和花瓣状的产物堆垛于 20G 钢的表面［见图 3-15（a）~（c）］。与球状产物相类似，花瓣状产物的主要元素为 C、S 和 Fe［见图 3-15（e）和图 3-15（f）］。

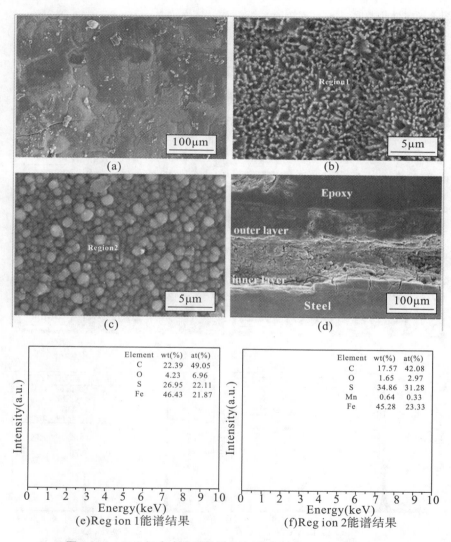

Element	wt(%)	at(%)
C	22.39	49.05
O	4.23	6.96
S	26.95	22.11
Fe	46.43	21.87

(e)Region 1能谱结果

Element	wt(%)	at(%)
C	17.57	42.08
O	1.65	2.97
S	34.86	31.28
Mn	0.64	0.33
Fe	45.28	23.33

(f)Region 2能谱结果

图 3-15　20G 钢在含有机盐的 MDEA/H_2S/CO_2 气相环境中腐蚀产物的微观形貌和能谱结果

图 3-16 为 20G 钢在含有机盐的 MDEA/H$_2$S/CO$_2$ 液相环境中腐蚀产物的微观形貌和能谱结果。由图中可以看出，20G 钢表面的腐蚀产物膜分为两层，且外层腐蚀产物产生了破碎。内外层腐蚀产物膜都非常致密［见图 3-16 (b) 和图 3-16 (c)］。依据 EDS 结果，外层腐蚀产物膜的主要元素为 C、S 和 Fe，内层腐蚀产物膜的主要元素为 C、S、O 和 Fe［见图 3-16 (e) 和图 3-16 (f)］。

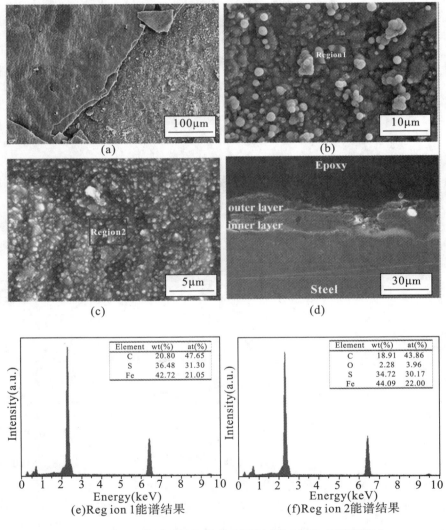

图 3-16 20G 钢在含有机盐的 MDEA/H$_2$S/CO$_2$ 液相环境中
腐蚀产物的微观形貌和能谱结果

（4）有机盐和无机盐的协同影响

图3-17为20G钢在含有机盐和无机盐的 MDEA/H_2S/CO_2 气相环境中腐蚀产物的微观形貌和能谱结果。由图中可以看出，钢的表面散落着蘑菇状和条状的腐蚀产物［图3-17（a）～（c）］。与蘑菇状产物相类似，条状产物的主要元素为C、S和Fe［见图3-17（g）和图3-17（h）］，腐蚀产物膜的主要元素为C、S和Fe［见图3-17（f）］。

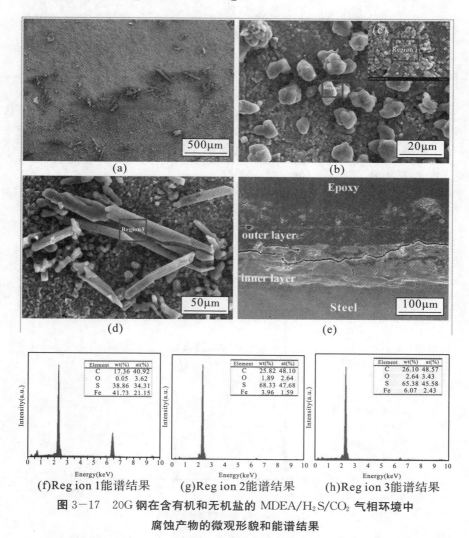

（f）Region 1能谱结果　　（g）Region 2能谱结果　　（h）Region 3能谱结果

图3-17　20G钢在含有机和无机盐的 MDEA/H_2S/CO_2 气相环境中
腐蚀产物的微观形貌和能谱结果

图3-18为20G钢在含有机盐和无机盐的 MDEA/H_2S/CO_2 液相环境中腐蚀产物的微观形貌和能谱结果。由图中可以看出，立方体状的腐蚀产物密集

的分布在钢的表面，立方体状的腐蚀产物元素为 C、S 和 Fe，且腐蚀产物膜中
存在着许多孔洞。

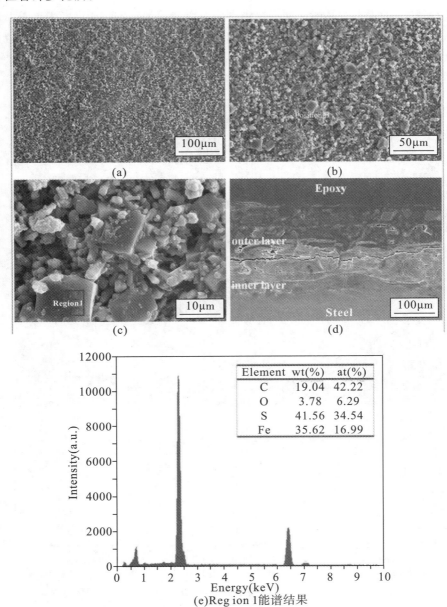

图 3—18 20G 钢在含有机和无机盐的 MDEA/H_2S/CO_2 液相环境中
腐蚀产物的微观形貌和能谱结果

3.3.1.3　腐蚀产物组成分析

图 3-19 是 20G 钢在 MDEA/H_2S/CO_2 环境中的 XRD 分析结果。由图 3-19
（a）～（c）可知，20G 钢的腐蚀产物主要为 FeS_2、Fe_3O_4 和 Fe。研究表明，在
高温条件下 $FeCO_3$ 将分解为 FeO，FeO 在隔绝空气的环境中加热会歧化为铁
单质和 Fe_3O_4（见式 3-4 和式 3-5）[3-4]。

$$FeCO_3 \longrightarrow FeO + CO_2 \uparrow \qquad (3-4)$$

$$4FeO \longrightarrow Fe + Fe_3O_4 \qquad (3-5)$$

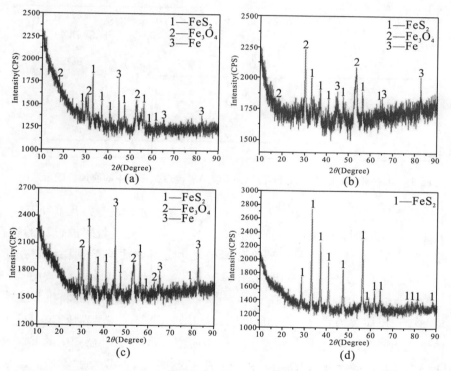

图 3-19　20 钢在 MDEA/H_2S/CO_2 环境中的 XRD 分析结果

3.3.1.4　腐蚀机理分析

图 3-20 为 20G 钢在 MDEA/H_2S/CO_2 不含热稳定性盐环境中的腐蚀机
理示意图。在 R_2NCH_3/H_2S/CO_2/H_2O 腐蚀环境中，MDEA 溶液吸收 H_2S 和
CO_2 并形成 HS^- 和 HCO_3^-［见式（3-6）和式（3-7）][5-6]。HS^- 和

HCO_3^- 在 MDEA 溶液中将进一步电离形成 S^{2-}、CO_3^{2-} 和 H^+ [见式（3—8）和式（3—9）][7—8]。

$$R_2NCH_3 + H_2S \longrightarrow R_2NCH_3^+ + HS^- \tag{3—6}$$

$$R_2NCH_3 + CO_2 + H_2O \longrightarrow R_2NHCH_3^+ + HCO_3^- \tag{3—7}$$

$$HS^- \longrightarrow H^+ + S^{2-} \tag{3—8}$$

$$HCO_3^- \longrightarrow H^+ + CO_3^{2-} \tag{3—9}$$

$$Fe \longrightarrow Fe^{2+} + 2e^- \tag{3—10}$$

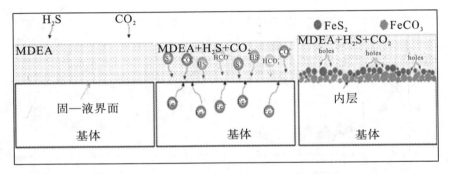

图 3—20　20G 钢在 $MDEA/H_2S/CO_2$ 不含热稳定性盐环境中的腐蚀机理示意图

当 $[Fe^{2+}] \times [S^{2-}]$ 和 $[Fe^{2+}] \times [CO_3^{2-}]$ 分别超过溶度积 $K_{sp}(FeS)$ 和 $K_{sp}(FeCO_3)$ 时，金属的表面将沉积 FeS、$FeCO_3$。随着腐蚀过程的进行，富胺溶液呈酸性，$FeCO_3$ 易在酸性环境中发生分解，而 FeS 则稳定存在于溶液中[9,10]。此外，由于 FeS 的溶度积 $K_{sp}(FeS)$ 低于 $K_{sp}(FeCO_3)$ [在 25℃，$K_{sp}(Fes) = 6.3 \times 10^{-18}$，$K_{sp}(FeCO_3) = 3.2 \times 10^{-11}$]，基体表面将沉积更多的 FeS[11—12]，反应式为式（3—11）和式（3—12）。碳钢在高温高压 CO_2/H_2S 环境中形成两层腐蚀产物膜，外层为 FeS，内层为 $FeCO_3$。外层膜中的 FeS 易与 MDEA 溶液中富余的 HS^- 和 S^{2-} 生成 FeS_2，反应式为式（3—13）和式（3—14）[13—14]。

$$Fe + H_2O + CO_2 \longrightarrow FeCO_3 + H_2 \tag{3—11}$$

$$Fe + HS^- \longrightarrow FeS + H^+ + 2e^- \tag{3—12}$$

$$FeS + HS^- \longrightarrow FeS_2 + H^+ + 2e^- \tag{3—13}$$

$$FeS + S^{2-} \longrightarrow FeS_2 + 2e^- \tag{3—14}$$

（1）无机盐或有机盐的影响

无机盐主要影响材料基体表面腐蚀产物膜的成膜特性。当无机盐加入溶液时，MDEA 溶液中的离子总浓度将增加。溶液中离子总溶度的增加将导致离子间相互牵制作用的增强。H^+ 与带负电荷的 Cl^-、$S_2O_3^{2-}$ 和 SO_4^{2-} 相互吸引，HS^-、S^{2-}、HCO_3^- 和 CO_3^{2-} 与带正电荷的 Na^+ 相互吸引[15]。溶液中 H^+ 与 HS^-、S^{2-} 结合形成 H_2S 的机会减少，使 HS^- 的电离度增大，溶液中的 H^+ 和 S^{2-} 浓度适当增加。S^{2-} 浓度的增加将加速 S^{2-} 和 Fe^{2+} 形成 FeS 并沉积在基体的表面（见图 3-21）。

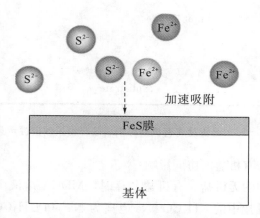

图 3-21　S^{2-} 加速 FeS 沉积机理示意图

有机盐主要影响材料的阴极反应过程。MDEA 溶液中 CH_3COONa 的浓度远高于 HCOONa 和 HCOONa。由此可知，影响 20G 钢腐蚀的有机盐主要为 CH_3COONa。当有机盐加入溶液时，CH_3COONa 完全电离为 CH_3COO^- 与 Na^+，而 CH_3COO^- 会发生水解生成 CH_3COOH 和 OH^-［见式（3-15）和式（3-16）］。OH^- 与溶液中的 H^+ 结合生成 H_2O［见式（3-17）］。溶液中的 HS^- 和 HCO_3^- 加速电离为 S^{2-}、CO_3^{2-} 和 H^+[16]。此时，溶液中的 S^{2-}、CO_3^{2-} 和 H^+ 浓度适当增加。与无机盐类似，FeS 和 FeS_2 将加速沉积在基体的表面（见图 3-22）。

$$CH_3COONa \longrightarrow CH_3COO^- + Na^+ \tag{3-15}$$

$$CH_3COO^- + H_2O \longrightarrow CH_3COOH + OH^- \tag{3-16}$$

$$OH^- + H^+ \longrightarrow H_2O \tag{3-17}$$

在含有有机盐或无机盐的富胺溶液中，由于 FeS 加速沉积于 20G 钢的表面，所以 20G 钢的表面会生成致密的腐蚀产物膜。致密的腐蚀产物膜将有效地保护金属基体，使 20G 钢的腐蚀速率急剧降低。

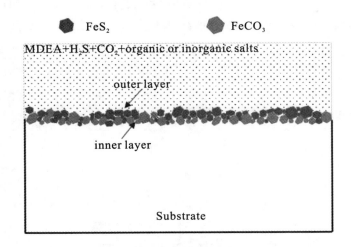

图 3-22　无机盐或有机盐影响腐蚀产物膜致密性示意图

（2）无机盐—有机盐的协同影响

当富胺溶液中的无机盐—有机盐共存时，MDEA 溶液中的总浓度将急剧增加。其中，有机盐中的 CH_3COONa 电离为 Na^+ 和 CH_3COO^-，CH_3COO^- 水解为 CH_3COOH 和 OH^-。但是，由于溶液中正电荷的 Na^+ 含量较多，多余的 Na^+ 将围绕在 OH^- 的周围，使 OH^- 与 H^+ 结合的机会减少，进而抑制 HCO_3^- 和 HS^- 的电离。此外，带有负电荷的 Cl^-、SO_4^{2-}、CH_3COO^- 吸附在 Fe^{2+} 的周围，带有正电荷的 Na^+ 吸附在 S^{2-} 和 HS^- 的周围，也会使 Fe^{2+} 与 S^{2-} 离子结合的机会减少[17]（见图 3-23）。在含有有机盐和无机盐的富胺溶液中，由于 Fe^{2+} 与 S^{2-} 离子结合的机会减少，所以 20G 钢的表面会生成疏松多孔的腐蚀产物膜。腐蚀介质将通过孔洞进一步腐蚀金属基体，使 20G 钢的腐蚀速率显著升高（见图 3-24）。

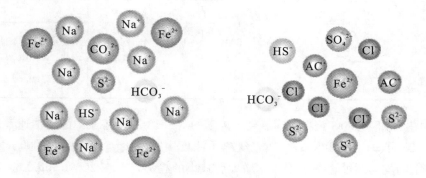

图 3-23　离子吸附示意图

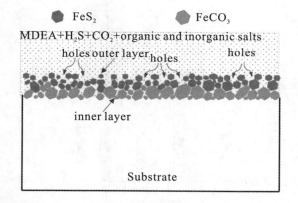

图 3-24　含有有机盐和无机盐的富胺溶液中 20G 钢的表面腐蚀产物膜生成机理示意图

3.3.2　MDEA 脱硫溶液中氯离子浓度对腐蚀的影响

试验溶液采用生产现场的脱硫溶液，其 MDEA 质量浓度为 45%。脱硫溶液中原始氯离子浓度为 261 mg/L，然后通过调节加入 NaCl 的量来调整脱硫溶液中氯离子的浓度，具体氯离子浓度设置情况见表 3-6。

表 3-6   模拟试验脱硫溶液（MDEA）的配制

编号	1	2	3	4	5	6
脱硫溶液中氯离子浓度（mg/L）	261（原始值）	5000	10000	20000	30000	40000
脱硫溶液需加入NaCl 的量（g/L）	0	7.5	15.7	31.1	48.7	65.2

图 3-25 是 20G 钢在不同氯离子浓度的 MDEA 脱硫溶液中的腐蚀速率。由图 3-25 可知，在 110℃时，随着氯离子浓度由 261 mg/L 增大到40000 mg/L，20G 钢的均匀腐蚀速率表现出先增大后减小的趋势，并在 20000 mg/L 处达到最大值。在不同氯离子浓度下，20G 钢的均匀腐蚀速率均属于严重腐蚀，仅在最低浓度和最高浓度下腐蚀速度略低于 0.25 mm/a。

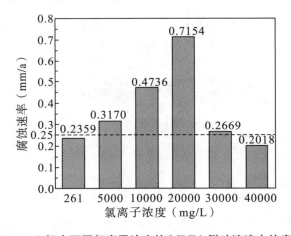

图 3-25   20G 钢在不同氯离子浓度的 MDEA 脱硫溶液中的腐蚀速率

由图 3-26 可知，在 110℃温度下，随着氯离子浓度由261 mg/L 的增大到40000 mg/L，两种不锈钢的腐蚀速率同样表现出先增大后减小的趋势，并在20000 mg/L 处达到最大值。304L 和 316L 不锈钢在不同氯离子浓度下表现出的腐蚀规律一致，而它们的均匀腐蚀速率在不同氯离子浓度下均低于 0.010 mm/a，满足 NACE RP0775—05 标准中的低腐蚀速率 0.025 mm/a。由此可见，304L 和 316L 不锈钢在高氯离子的脱硫溶液中耐蚀性良好。

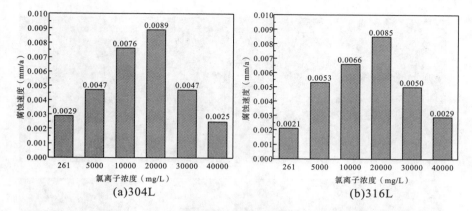

图3-26 304L和316L不锈钢在不同氯离子的MDEA脱硫溶液中的腐蚀速率

在110℃条件下，20G钢、304L不锈钢和316L不锈钢挂片在不同氯离子浓度的MDEA脱硫溶液中试验168 h后，利用扫描电镜（SEM）观察挂片腐蚀产物膜形貌，利用附带的能谱（EDS）分析挂片腐蚀产物主要元素及其含量，通过X射线衍射（XRD）对腐蚀产物组成进行分析。

20G钢在不同氯离子浓度的MDEA脱硫溶液中试验168 h后表面腐蚀产物膜形貌见图3-27。由图3-27可知，在低氯离子浓度条件下，试验后20G钢表面腐蚀产物膜较密。在10000 mg/L条件下，20G钢表面腐蚀产物局部存在分布不均的现象；在20000 mg/L条件下，20G钢表面至少形成两层腐蚀产物，且外层腐蚀产物较疏松，附着力较差，存在脱落现象，未形成有效的保护膜，可能导致腐蚀进一步发展。从整体上看，当脱硫溶液中氯离子浓度较低时，试验后腐蚀产物膜较致密，对20G钢的基体具有一定的保护作用，而随着脱硫溶液中氯离子浓度的提高，20G钢表面形成的腐蚀产物膜相对较疏松，更易脱落，对基底的保护性降低，从而导致腐蚀加重。但是当脱硫溶液中氯离子浓度进一步增加到40000 mg/L时，试验后挂片表面形成更均匀致密的腐蚀产物膜，这层腐蚀产物膜具有一定的保护作用，可减缓腐蚀速度。

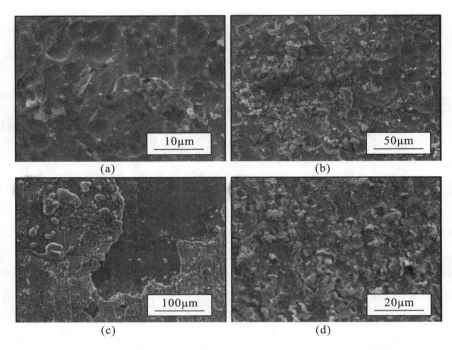

图 3-27　20G 钢在不同氯离子浓度的 MDEA 脱硫溶液中的微观形貌

20G 钢在不同氯离子浓度的 MDEA 脱硫溶液中试验 168 h 后腐蚀产物的能谱分析结果见图 3-28。低浓度氯离子脱硫溶液的挂片能谱显示，腐蚀产物主要由 C、O、S、Fe 四种元素组成，推测腐蚀产物主要为硫铁化合物和 $FeCO_3$。在较高氯离子浓度（氯离子浓度为 20000 mg/L）的脱硫溶液中，形成的腐蚀产物膜分层，且表层疏松易脱落。分析可知，外层腐蚀产物主要为硫铁化合物，内层产物硫含量较少，还含有较多的 C，说明内层主要为材质基底，除了少量的硫铁化合物，还含有 Fe_3C。当脱硫溶液中氯离子浓度达到 40000 mg/L 时，试验后挂片表面腐蚀产物主要为硫铁化合物，并夹杂有少量的 Na^+，这是溶液中水分蒸发后留下的。由于 FeS 极易被氧化，图 3-28 能谱结果表明结果中含有少量的 O，很可能是挂片取出后与空气中的 O_2 接触导致 FeS 被进一步氧化的结果。

 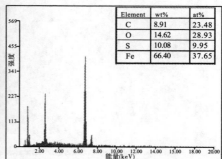

(a)465 mg/L

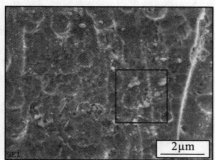 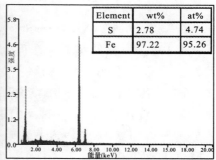

(b)1000 mg/L

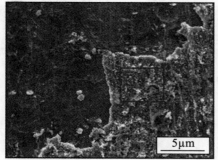 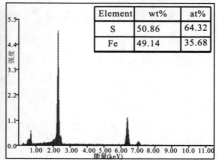

(c)2000 mg/L

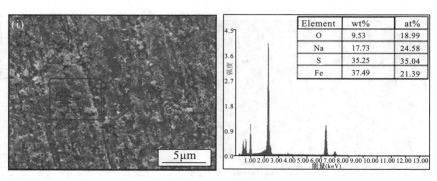

Element	wt%	at%
O	9.53	18.99
Na	17.73	24.58
S	35.25	35.04
Fe	37.49	21.39

(d)4000 mg/L

图 3—28　20G 钢在不同氯离子浓度的 MDEA 脱硫溶液中的能谱分析

利用 X 射线衍射（XRD）分析 20G 钢的腐蚀产物，结果如图 3—29 所示。由图 3—29 可知，在低氯离子浓度（465 mg/L）条件下，20G 钢腐蚀产物 XRD 图谱中 2θ 分别在 17.6°、24.8°、28.5°、32.6°、38.96°、43.8°、50.5°、76.2°、78.7°出现不同强度的峰，说明腐蚀产物主要包括 FeS、$FeCO_3$ 和 FeS_2 三种物质。从峰强度可知，腐蚀产物中绝大部分为四方马基诺矿型晶体 FeS，而立方黄铁矿（FeS_2）和六方菱铁矿（$FeCO_3$）含量很少。在氯离子浓度为 20000 mg/L 和 40000 mg/L 条件下，20G 钢腐蚀产物组成并未发生较大变化，同样由 FeS、$FeCO_3$ 和 FeS_2 三种物质组成。但是从各个峰强度大小来看，随着氯离子浓度的增大，腐蚀产物中 $FeCO_3$ 含量进一步减少，而立方黄铁矿（FeS_2）含量有所增加，说明随着氯离子浓度的增大，CO_2 的腐蚀进一步减弱。Kvarekval 等[18]研究发现，在 H_2S/CO_2 共存的条件下，主要以 H_2S 腐蚀为主，腐蚀过程由 H_2S 控制，和本试验结果一致。

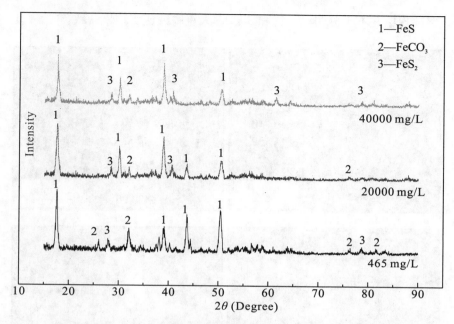

图 3-29　20G 钢在不同氯离子浓度 MDEA 脱硫溶液中的 XRD 谱图

　　根据前面试验结果并结合 Davoodi 等研究可知，20G 钢在饱和 H_2S/CO_2 的脱硫溶液（MDEA）中，CO_2 腐蚀不明显，很少直接发生反应［式（3-18）］，而腐蚀类型主要为 H_2S 腐蚀，在腐蚀过程中先发生反应［式（3-19）］，并生成腐蚀产物 FeS[19]。随着腐蚀产物增多，腐蚀产物膜会覆盖在 20G 钢的表面；而此时与外层膜表面接触的溶液中仍有较多的 HS^- 和 S^{2-}，极易与生成的 FeS 发生反应式（3-20）和式（3-21），从而生成富硫的 FeS_2。腐蚀产物膜内层中 S 元素含量极少，主要是因为溶液中的硫离子需要通过扩散的方式穿过已经形成的腐蚀产物膜才能够进入内层与基体发生反应[20]。

$$Fe+H_2O+CO_2 \longrightarrow FeCO_3+H_2 \tag{3-18}$$

$$Fe+HS^-(aq) \longrightarrow FeS+H^++2e^- \tag{3-19}$$

$$FeS+HS^-(aq) \longrightarrow FeS_2+H^+(aq)+2e^- \tag{3-20}$$

$$FeS+S^{2-}(aq) \longrightarrow FeS_2+2e^- \tag{3-21}$$

　　304L 不锈钢在不同氯离子浓度的 MDEA 脱硫溶液中试验 168 h 后的腐蚀形貌见图 3-30。由图 3-30 可知，在不同氯离子浓度条件下，304L 不锈钢表面腐蚀产物都较少，因此，304L 不锈钢在含氯离子的脱硫溶液中腐蚀产物较少，腐蚀现象并不十分明显，这和20G钢失重腐蚀速率结果一致。

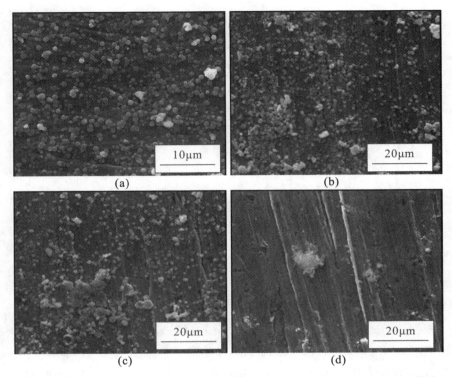

图3-30 304L不锈钢在不同氯离子浓度的MDEA脱硫溶液中的微观形貌

304L不锈钢在不同氯离子浓度的MDEA脱硫溶液中试验168 h后的能谱分析结果如图3-31所示。由图可知，在不同氯离子浓度的MDEA脱硫溶液中腐蚀后的304L不锈钢表面腐蚀产物成分基本相同，主要为铁硫化合物。由于表面附着的腐蚀产物稀少，所以能谱结果中含有较多基体材质本身的元素。结合失重腐蚀速率结果可知，304L不锈钢在脱硫溶液（MEDA）中腐蚀非常轻微，并未发现明显的全面腐蚀和局部腐蚀现象。

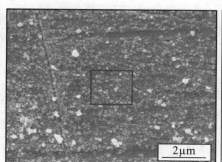
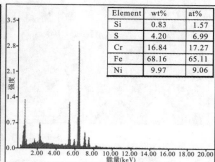

Element	wt%	at%
Si	0.83	1.57
S	4.20	6.99
Cr	16.84	17.27
Fe	68.16	65.11
Ni	9.97	9.06

(a)465 mg/L

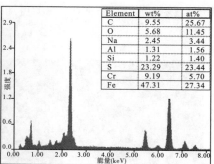

Element	wt%	at%
C	9.55	25.67
O	5.68	11.45
Na	2.45	3.44
Al	1.31	1.56
Si	1.22	1.40
S	23.29	23.44
Cr	9.19	5.70
Fe	47.31	27.34

(b)10000 mg/L

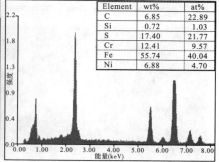

Element	wt%	at%
C	6.85	22.89
Si	0.72	1.03
S	17.40	21.77
Cr	12.41	9.57
Fe	55.74	40.04
Ni	6.88	4.70

(c)20000 mg/L

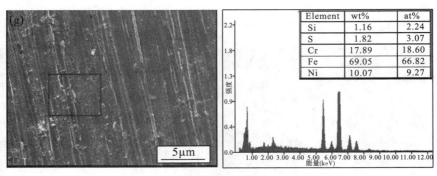

Element	wt%	at%
Si	1.16	2.24
S	1.82	3.07
Cr	17.89	18.60
Fe	69.05	66.82
Ni	10.07	9.27

(d)40000 mg/L

图 3—31　304L 在不同氯离子浓度的 MDEA 脱硫溶液中的能谱分析

316L 不锈钢在不同氯离子浓度的 MDEA 脱硫溶液中试验 168 h 后表面腐蚀产物膜形貌如图 3—32 所示。由图可知，316L 不锈钢与 304L 不锈钢腐蚀情况类似，说明 316L 不锈钢腐蚀很轻微，与 20G 钢失重腐蚀速率分析基本一致。

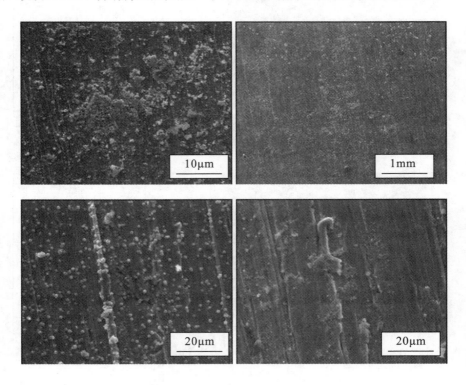

图 3—32　316L 不锈钢在不同氯离子浓度的 MDEA 脱硫溶液中的微观形貌

316L 不锈钢在不同氯离子浓度的 MDEA 脱硫溶液中试验 168 h 后，利用能谱（EDS）对试验后挂片表面腐蚀产物元素组成进行分析，结果如图 3－33 所示。由图可知，试验后 316L 不锈钢与 304L 不锈钢表面腐蚀产物元素成分基本相同，腐蚀产物主要为硫铁化合物，只是表面附着的腐蚀产物比 304L 不锈钢表面腐蚀产物更少，测试结果中大多为 316L 基体元素。同样由于生成的腐蚀产物稀少，无法对腐蚀产物进行 XRD 分析，但是从失重腐蚀速率、腐蚀产物膜微观形貌及组成来看，316L 不锈钢在脱硫溶液（MDEA）中腐蚀十分轻微，并未发现明显的腐蚀迹象，这说明 316L 不锈钢在脱硫溶液（MDEA）中具有良好的抗腐蚀性能。

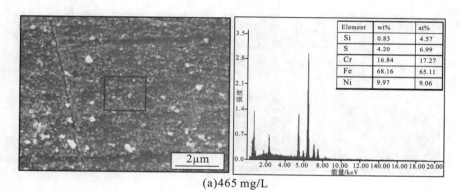

(a)465 mg/L

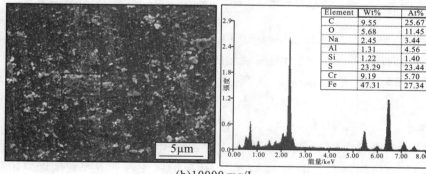

(b)10000 mg/L

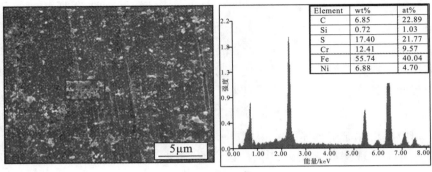

Element	wt%	at%
C	6.85	22.89
Si	0.72	1.03
S	17.40	21.77
Cr	12.41	9.57
Fe	55.74	40.04
Ni	6.88	4.70

(c)20000 mg/L

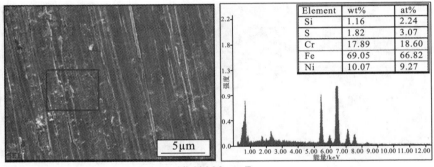

Element	wt%	at%
Si	1.16	2.24
S	1.82	3.07
Cr	17.89	18.60
Fe	69.05	66.82
Ni	10.07	9.27

(d)40000 mg/L

图 3－33　316L 不锈钢在不同氯离子浓度的 MDEA 脱硫溶液中的能谱结果

图 3－34 是 20G 钢在饱和 H_2S/CO_2 脱硫溶液（MDEA）中不同氯离子浓度下的极化曲线，表 3－7 列出对应极化曲线参数的拟合结果。由图 3－34 可知，在 MDEA 脱硫溶液中，随着氯离子浓度的增加，20G 钢的自腐蚀电位向负方向移动，自腐蚀电流也不断增大。当未加入 NaCl（即脱硫溶液氯离子浓度为 465 mg/L）时，自腐蚀电位为 -0.65057 V，自腐蚀电流密度为 0.0028 mA/cm^2。当氯离子浓度增大到 30000 mg/L 时，腐蚀电位下降至 -0.68572 V，而自腐蚀电流密度增加到 0.004387 mA/cm^2，相应的腐蚀速率增加到接近原始浓度的 2 倍。这说明随着氯离子浓度的增加，20G 钢的腐蚀电位呈现微负移趋势，而腐蚀速率增加相对较明显。

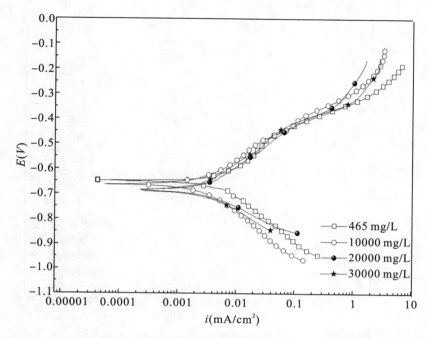

图3-34　20G 钢在 40℃饱和 H_2S/CO_2 脱硫溶液中不同氯离子浓度下的极化曲线

表3-7　20G 钢在 40℃饱和 H_2S/CO_2 脱硫溶液中不同氯离子浓度下极化曲线参数拟合结果

氯离子浓度（mg/L）	E（V）	b_a（mV/dec）	b_c（mV/dec）	i_{corr}（mA/cm²）
465	−0.65057	197.284	229.05	0.002800
10000	−0.66313	186.660	211.65	0.003634
20000	−0.68487	212.270	137.31	0.004188
30000	−0.68572	233.490	147.41	0.004387

　　为了进一步研究 20G 钢在常温下含酸性组分脱硫溶液中的电化学腐蚀行为，对 20G 钢电极在开路电位下进行了电化学阻抗谱（EIS）测试。图3-35 是 20G 钢在氯离子浓度分别为 465 mg/L、10000 mg/L、20000 mg/L、30000 mg/L 的脱硫溶液中的 EIS 图谱。由图3-35 可知，在各种浓度条件下的阻抗谱均为单一的容抗弧。20G 钢在脱硫溶液中的 EIS 等效电路模型如图3-36 所示，其等效电路为 R，其中 R_s 表示溶液电阻，R_{ct} 表示电荷转移电阻，CPE 为常相角位元件。由于电极表面的粗糙度可能引起弥散效应，在等效电路中采用常相位角元件 CPE（即 Q）代替纯电容元件 C，CPE 的阻抗可用式（3-22）计算[21]：

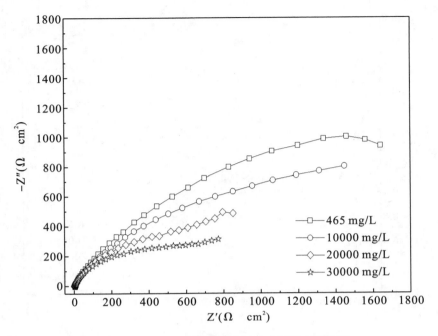

图 3-35　20G 钢在不同氯离子浓度下的 EIS 图谱

$$Z_{CPE} = \frac{1}{(j\omega)^n Q} \qquad (3-22)$$

式中，Q 为 CPE 的常数，$\Omega^{-1} \cdot s^{-n} \cdot cm^{-2}$；$\omega$ 为相角频率；n 为 CPE 的弥散指数；j 为虚数。

当 $n=1$ 时，CPE 被认为是理想电容 C；当 $n=0.5$ 时，CPE 被认为是韦伯（Warburg）阻抗；当 $0.5 \le n \le 1$ 时，CPE 被认为是介于二者之间的一种状态；当 $n=0$ 时，它就相当于纯电阻 R；当 $n=-1$ 时，它就是等效电感 L。利用 ZsimpWin 进行拟合，相关参数拟合结果见表 3-8。由表 3-8 可知，在未加入 NaCl（氯离子浓度为 465 mg/L）时，电荷转移电阻 R_{ct} 为 2333 $\Omega \cdot cm^2$；氯离子浓度增加到 30000 mg/L 时，20G 钢的电荷转移电阻 R_{ct} 减小到 757.8 $\Omega \cdot cm^2$，约为 465 mg/L 时的 1/3，说明氯离子浓度的增加会降低 20G 钢的耐腐蚀性能。

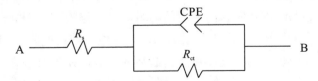

图 3-36　20G 钢在脱硫溶液中的 EIS 等效电路模型

表 3−8　不同氯离子浓度下 20G 钢的 EIS 参数拟合结果

氯离子浓度(mg/L)	R_s ($\Omega \cdot cm^2$)	Q ($10^{-6}\Omega^{-1} \cdot s^{-n} \cdot cm^{-2}$)	n	R_{ct} ($\Omega \cdot cm^2$)
465	2.995	542.4	0.7782	2333.0
10000	2.064	638.6	0.7701	1741.0
20000	2.350	622.0	0.8257	960.2
30000	4.067	489.3	0.8141	757.8

图 3−37 为 304L 不锈钢在不同氯离子浓度下的 MDEA 脱硫溶液中的极化曲线，表 3−9 列出了相应的拟合结果。由图 3−37 和表 3−9 可知，在脱硫溶液温度恒定的情况下，304L 不锈钢在 MDEA 脱硫溶液中随着氯离子浓度的增加，其自腐蚀电位向负方向移动，自腐蚀电流也呈现不断增大的趋势。在未加入 NaCl（氯离子浓度为 465 mg/L）时，304L 不锈钢的腐蚀电位为 −0.52426 V，自腐蚀电流密度为 0.001872 mA/cm²；当氯离子浓度增加到 30000 mg/L 时，其腐蚀电位下降至 −0.63638 V，腐蚀电位降低了 112 mV，自腐蚀电流密度增加到 0.002647 mA/cm²。根据腐蚀电位和自腐蚀电流的变化情况可知，随着氯离子浓度的增加，304L 不锈钢的腐蚀电位明显负移，同时自腐蚀电流密度也增大。这可能是由于氯离子具有优先吸附性和较强的活性，其浓度的增加导致吸附在 304L 不锈钢表面的活化氯离子增加，金属阳极表面的活性溶解速率加快，促进了表面钝化膜的溶解，腐蚀电位明显降低。当氯离子浓度超过 20000 mg/L时，继续增加氯离子浓度会导致金属材质表面吸附的活化氯离子数量过多，从而使阳极表面吸附的 HS⁻ 减少。根据相关研究可知，阳极溶解形成活性中间体需要 HS⁻，所以阳极活性反应有减弱的趋势，自腐蚀电流并未继续增加，故两者的协同效应减弱。

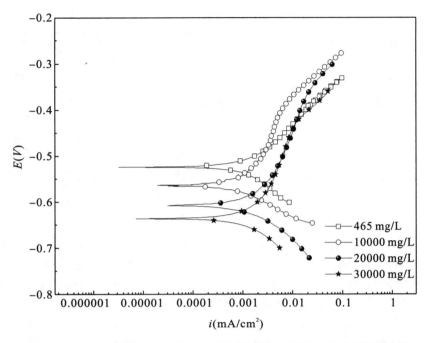

图 3－37　304L 不锈钢在不同氯离子浓度的 MDEA 脱硫溶液中的极化曲线

表 3－9　304L 不锈钢在不同氯离子浓度的 MDEA 脱硫溶液中的
极化曲线参数拟合结果

氯离子浓度（mg/L）	E（V）	b_a（mV/dec）	b_c（mV/dec）	i_{corr}（mA/cm²）
465	−0.52426	123.16	126.320	0.001872
10000	−0.56395	171.46	74.285	0.001789
20000	−0.60775	273.70	127.040	0.002712
30000	−0.63638	310.13	144.660	0.002647

图 3－38 为 304L 不锈钢在不同氯离子浓度的电化学阻抗谱。图中 304L 不锈钢的 Nyquist 曲线均表现为单一的容抗弧，表明 304L 不锈钢在脱硫溶液中金属阳极表面的活化溶解为主要控制步骤。根据等效电路，用 ZsimpWin 进行拟合，相关参数拟合结果见表 3－10。由图 3－38 和表 3－10 可知，随着脱硫溶液中氯离子浓度的增加，304L 不锈钢的 Nyquist 曲线容抗弧半径明显减小。在原始氯离子浓度（465 mg/L）时，电荷转移电阻 R_{ct} 为 31782 Ω·cm²；当氯离子浓度增加到 30000 mg/L 时，相应的电荷转移电阻 R_{ct} 迅速减小到 4542 Ω·cm²，约为原来的 1/7。另外，随着氯离子浓度的增加，溶液电阻 R_s

表现为先减小后增大，说明氯离子浓度对含酸性组分的脱硫溶液的导电性同样有一定的影响。

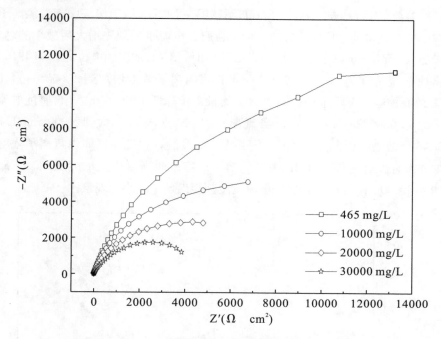

图 3-38　304L **不锈钢在不同氯离子浓度下的 EIS 图谱**

表 3-10　304L **不锈钢在不同氯离子浓度下的 EIS 参数拟合结果**

氯离子浓度（mg/L）	$R_s(\Omega \cdot cm^2)$	$Q(10^{-6}\Omega^{-1} \cdot s^{-n} \cdot cm^{-2})$	n	$R_{ct}(\Omega \cdot cm^2)$
465	4.9130	187.2	0.83910	31782
10000	0.7189	252.9	0.93884	8899
20000	1.8730	296.2	0.87910	6363
30000	2.9260	305.9	0.80098	4542

　　从极化曲线和 EIS 图谱可知，304L 不锈钢在脱硫溶液中阳极表面会形成钝化膜，而腐蚀速率与阳极金属钝化膜的溶解速率有较大关系，加上氯离子具有较强的活化作用，其浓度的增加能够在很大程度上加速阳极表面钝化膜的活性溶解，从而导致电位负移，加快腐蚀速率。此外，根据 Macdonald 等研究，钝化膜的形成和溶解本身是一个动态过程，其较快的溶解和形成很可能导致局部点蚀。从氯离子对阳极溶解反应影响的大小上看，氯离子对 304L 不锈钢的影响大于 20G 钢[22]。

图 3-39 是 316L 不锈钢在 40℃饱和 H_2S/CO_2 条件下不同氯离子浓度下的极化曲线，表 3-11 列出了相应的拟合结果。由图 3-39 和表 3-11 可知，在保持脱硫溶液温度不变的情况下，316L 不锈钢在 MDEA 脱硫溶液中随着氯离子浓度的增加，其腐蚀电位向负方向移动，自腐蚀电流也呈现先增大后减小的趋势。在未加入 NaCl（氯离子浓度为 465 mg/L）时，316L 的腐蚀电位为 -0.54915 V，自腐蚀电流密度为 0.001506 mA/cm^2；当氯离子浓度增加到 10000 mg/L 时，316L 的腐蚀电位下降至 -0.59682 V，腐蚀电位降低了约 50 mV，自腐蚀电流密度增加到 0.002232 mA/cm^2。当氯离子从 10000 mg/L 增大到 20000 mg/L 时，316L 的腐蚀电位和自腐蚀电流密度并无太大变化，说明该区间内氯离子浓度的增加并没有显著地促进 316L 阳极的溶解反应。而当氯离子浓度从 20000 mg/L 增加到 30000 mg/L 时，自腐蚀电流密度甚至出现了减小的现象。

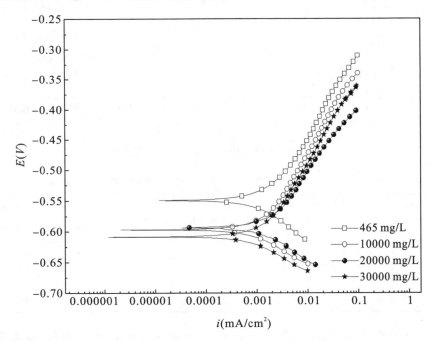

图 3-39　316L 不锈钢在 40℃饱和 H_2S/CO_2 不同氯离子浓度下的极化曲线

表 3-11　316L 不锈钢在 40℃饱和 H_2S/CO_2 不同氯离子浓度下的极化曲线参数拟合结果

氯离子浓度（mg/L）	E（V）	b_a（mV/dec）	b_c（mV/dec）	i_{corr}（mA/cm²）
465	-0.54915	123.53	85.274	0.001506
10000	-0.59682	146.39	80.124	0.002232

氯离子浓度（mg/L）	E（V）	b_a（mV/dec）	b_c（mV/dec）	i_{corr}（mA/cm²）
20000	−0.59348	136.29	78.766	0.002329
30000	−0.60848	144.42	70.06	0.001388

根据腐蚀电位和自腐蚀电流的变化情况可知，随着脱硫溶液中氯离子浓度的增加，316L 不锈钢腐蚀电位整体往负方向移动，但是自腐蚀电流密度却呈现先增大后减小的现象，推测可能是因为氯离子具有优先吸附和较强的活化能力，当氯离子吸附在金属表面后会对 316L 不锈钢阳极表面进行活化溶解，从而导致腐蚀电位负移。由于 316L 不锈钢中含有一定量的 Mo，316L 不锈钢相对于 304L 不锈钢而言拥有更加优异的抗点蚀能力，对氯离子等卤素离子的敏感性明显降低。当氯离子浓度增加时，316L 不锈钢的腐蚀电位和自腐蚀电流密度变化都较小，在高浓度氯离子条件下自腐蚀电流密度甚至出现了负增长现象。研究表明，溶液中氯离子浓度的增加可能导致 CO_2 等酸性组分溶解度的降低。此外，氯离子和 HS^- 之间可能存在竞争吸附关系，这也是造成高氯离子浓度下自腐蚀电流降低的原因之一。

图 3−40 为 316L 不锈钢在不同氯离子浓度下的 EIS 图谱，表 3−12 为其相应的参数拟合结果。由图 3−40 可知，316L 不锈钢在不同氯离子浓度的 MDEA 脱硫溶剂中的 EIS 曲线都表现为单一的容抗弧，且容抗弧半径较大。由图 3−40 和表 3−12 可知，随着脱硫溶液中氯离子浓度增加，容抗弧半径有减小的趋势。当氯离子浓度为 465 mg/L 时，容抗弧半径最大，相应的电荷转移电阻 R_{ct} 为 35570 Ω·cm²，但是随着氯离子浓度的升高，电荷转移电阻 R_{ct} 呈现先减小后增大的趋势，在 20000 mg/L 时达到最小（9281 Ω·cm²）。

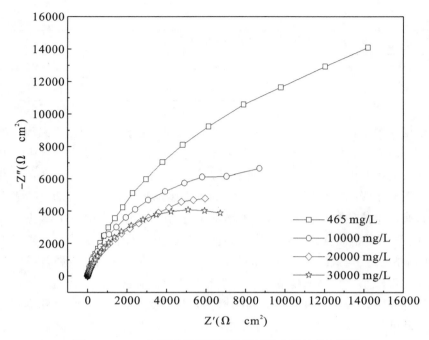

图 3-40　316L 不锈钢在不同氯离子浓度下的 EIS 图谱

表 3-12　316L 不锈钢在不同氯离子浓度下 EIS 参数拟合结果

氯离子浓度（mg·L^{-1}）	R_s（Ω·cm^2）	Q（10^{-6}Ω^{-1}·s^{-n}·cm^{-2}）	n	R_{ct}（Ω·cm^2）
465	6.479	168.0	0.8462	35570
10000	1.544	219.9	0.8986	12627
20000	2.960	252.1	0.8874	9281
30000	5.443	188.5	0.8279	10080

在含酸性组分的脱硫溶液中，氯离子浓度对 316L 不锈钢的抗腐蚀性能有一定影响，这主要是由于 316L 不锈钢在脱硫溶液中会形成较稳定的钝化膜，氯离子具有较强的活化作用，能够加快金属表面钝化膜的活化溶解。但是由于 316L 不锈钢中加入了少量的 Mo，使其具有比 304L 不锈钢更好的抗点蚀能力，其电荷转移电阻受氯离子浓度变化影响相对较小，试验结果与极化曲线结果一致。在高含硫气田脱硫过程中，由于组分的差异，316L 不锈钢相较于 304L 不锈钢具有更好的抗点蚀能力，能够更安全地应用于含氯离子的脱硫环境。

3.3.3　MDEA 脱硫溶液的腐蚀机理

在胺液与 H_2S/CO_2 体系中，存在$RNH_2/H_2S/CO_2/H_2O$腐蚀体系和 $H_2S/CO_2/H_2O$ 腐蚀体系。其中在$RNH_2/H_2S/CO_2/H_2O$ 腐蚀体系存在如下可逆反应[23-24]：

$$2RNH_2+H_2S \Longleftrightarrow (RNH_3)_2S \text{（硫化铵盐）} \tag{3-23}$$

$$(RNH_3)_2S+H_2S \Longleftrightarrow 2(RNHS_3)HS \text{（酸式硫化铵盐）} \tag{3-24}$$

$$2RNH_2+CO_2+H_2O \Longleftrightarrow (RNH_3)_2CO_3 \text{（碳酸铵盐）} \tag{3-25}$$

$$(RNH_3)_2CO_3+CO_2+H_2O \Longleftrightarrow 2(RNH_3)HCO_3 \text{（酸式碳酸铵盐）} \tag{3-26}$$

由于 H_2S、CO_2 与胺液形成的铵盐稳定性相对较弱，受热时会分解，解析出的 H_2S 和 CO_2 气体能够加剧体系的腐蚀反应。此外，热稳定性铵盐的阴离子很容易取代 FeS 上的离子，并与铁离子结合生成溶于水的物质，从而破坏 FeS 形成的保护层，加剧了样品的腐蚀。

在 $H_2S/CO_2/H_2O$ 腐蚀体系中，由于反应体系中存在 H_2S 和 CO_2 两种腐蚀性气体，在试验开始初期，溶液中存在 H^+、HS^-、S^{2-}、HCO_3^- 等离子。此外，由于 H_2S 和 CO_2 体积比为 1.75，根据 Kvarekval 等的研究，在 H_2S 和 CO_2 共存的条件下，当 $P_{CO_2}/P_{H_2S}<200$ 时，腐蚀过程由 H_2S 控制，金属表面会优先生成一层 FeS 膜以阻止形成 $FeCO_3$ 膜，因此生成的 FeS 和 $FeCO_3$ 的稳定性及其保护状态最终决定体系的腐蚀性（见图 3-41）[25]。结合 XRD 测试结果，反应体系中存在如下反应：

$$Fe+HS^-(aq) \longrightarrow FeS+H^++2e^- \tag{3-27}$$

$$FeS+S^{2-}(aq) \longrightarrow FeS_2+2e^- \tag{3-28}$$

$$FeS+HS^-(aq) \longrightarrow FeS+H^++2e^- \tag{3-29}$$

$$Fe+HCO_3^- \longrightarrow FeCO_3+H^++2e^- \tag{3-30}$$

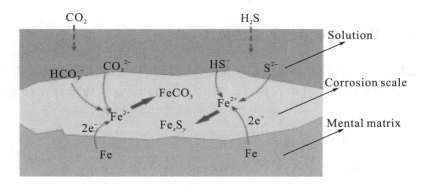

图 3-41 阳极反应机理示意图

当溶液中氯离子浓度进一步增加到 20000 mg/L 时，一方面随着氯离子浓度的增加溶液的导电性逐渐增强，从而促进电荷的转移；另一方面氯离子与二价铁离子发生水解形成络合物，促进了金属阳极的活化溶解（见图 3-42），导致腐蚀速率增加，生成疏松腐蚀产物堆积在试样表面，最终在流体冲刷等机械力的作用下破裂脱落[26]。

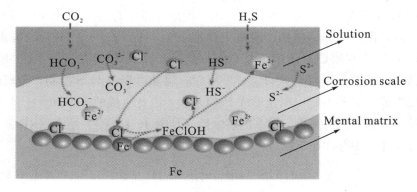

图 3-42 氯离子激活机制示意图

当溶液中氯离子浓度继续增加时，一方面吸附在金属表面的氯离子会逐渐增多，在靠近基本内侧形成氯离子的屏蔽层（见图 3-43），部分取代吸附在金属表面的 HS^- / HCO_3^- 等离子，尤其是当氯离子浓度较高时，就会过多地占据金属表面的阴极活性点，从而抑制阴极反应，逐渐减小腐蚀速率（见图 3-44）；另一方面，溶液中 H_2S 和 CO_2 的含量因为氯离子的增大而减小，从而抑制腐蚀的发生，进而导致均匀腐蚀速率降低[27]。

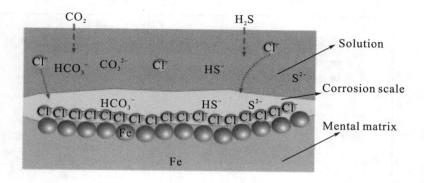

图 3-43　氯离子屏障作用机理示意图

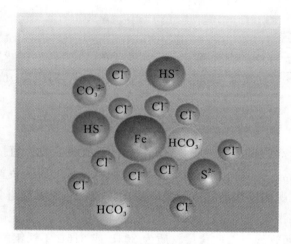

图 3-44　氯离子的竞争吸附机制示意图

3.4　温度对腐蚀的影响规律及影响机理研究

在 40℃、60℃、80℃、100℃ 和 110℃，20000 mg·L^{-1} 的氯离子浓度下模拟工况对 20G 钢、304L 不锈钢和 316L 不锈钢进行腐蚀试验。

由图 3-45 可知，在较低温度（40℃～60℃）时，三种材质在脱硫溶液（MDEA）中的腐蚀速率十分接近。随着脱硫溶液温度的升高（大于 60℃时），20G 钢腐蚀速率迅速增加，而 304L 和 316L 不锈钢的腐蚀速率仍然相对较低。

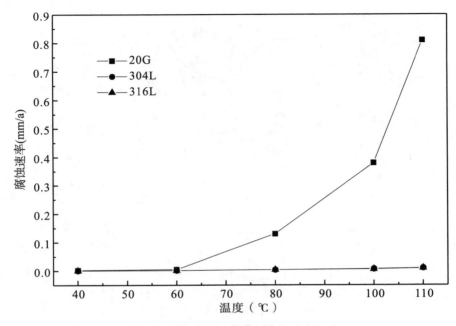

图 3-45　不同温度下的三种材质腐蚀速率对比

　　在设计上，高含硫气田脱硫装置管线材质选择的合理性直接决定其耐腐蚀性能和使用寿命，为了降低成本，在生产现场低温处的脱硫装置管线可以使用 20G 钢；而在工况温度较高区域的脱硫装置管线，应当尽量避免使用 20G 钢，在条件允许的情况下应尽量选取耐腐蚀性能优良的材质，如脱硫装置材质选取 316L 不锈钢，而管线可选取覆层材质为 304L 或 316L 不锈钢的冶金复合管。

　　图 3-46 为 316L 不锈钢在不同温度下的氯离子浓度为 20000 mg/L 的含饱和 H_2S/CO_2 脱硫溶液（MDEA）中的极化曲线，表 3-13 列出了 316L 不锈钢在相应条件下极化曲线参数拟合结果。由图 3-46 和表 3-13 可知，在氯离子浓度恒定的情况下，随着温度的升高，316L 不锈钢在 MDEA 脱硫溶液中的腐蚀电位先负移后正移，自腐蚀电流单调性增加。当温度为 20℃时，316L 不锈钢的腐蚀电位为 -0.64487 V，自腐蚀电流密度为 0.003879 mA/cm^2；而温度升高到 80℃时，腐蚀电位下降至 -0.67238 V，而自腐蚀电流密度增加到 0.068807 mA/cm^2，与 20℃时相比腐蚀电流密度增加了近 17 倍。

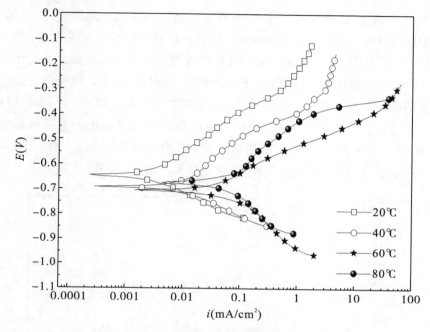

图 3-46　316L 不锈钢在不同温度下的极化曲线

表 3-13　316L 不锈钢在不同温度下极化曲线参数拟合结果

温度（℃）	E（V）	b_a（mV/dec）	b_c（mV/dec）	i_{corr}（mA/cm²）
20	−0.64487	235.74	158.72	0.003879
40	−0.68933	220.25	126.91	0.004470
60	−0.70217	171.49	136.66	0.022350
80	−0.67238	154.73	203.54	0.068807

当温度低于 60℃时，随着温度的升高，20G 钢在含酸性组分脱硫溶液中腐蚀在动力学速率和热力学趋势方面都增加，这主要是由于温度的升高既加速了金属阳极表面的吸附性和活性溶解，又加速了阴极的析氢腐蚀。但是当温度超过 60℃时，酸性组分在脱硫溶液中的溶解度降低。当加热到 80℃时，试验过程中能够明显看到脱硫溶液中有气泡产生，这会导致 H_2S、CO_2 等腐蚀性介质浓度降低，HS^- 在金属阳极表面的吸附率下降。但是温度的升高能够在很大程度上加快 20G 钢溶解，在上述两种共同作用下最终导致腐蚀电位正移，腐蚀电流密度增加。

图 3-47 为 20G 钢在不同温度下的氯离子浓度为 20000 mg/L 的饱和

H₂S/CO₂ 脱硫溶液（MDEA）的 EIS 图谱，相应的等效电路图如图 3－36 所示。根据等效电路利用 ZsimpWin 进行拟合，得到的拟合结果见表 3－14。从图 3－47 可以看出，20G 钢的 Nyquist 曲线表现为单一的容抗弧。从变化趋势上看，随着脱硫溶液温度的升高，EIS 容抗弧半径依次减小，说明随着脱硫溶液温度的升高，20G 钢在电化学过程中的总的电荷转移电阻减小，耐腐蚀性能降低。通过表 3－14 可知，在 20℃时，20G 钢在脱硫溶液中的电荷转移电阻 R_{ct} 达到 3349 $\Omega \cdot cm^2$，而温度升高到 80℃时，其值减小到 344.6 $\Omega \cdot cm^2$，大约为 20℃时的 1/10，拟合结果和前面极化结果一致。

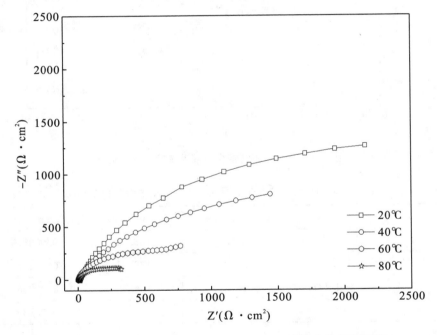

图 3－47　20G 钢在不同温度下饱和 MDEA 溶液中的 EIS 图谱

表 3－14　20G 钢在不同温度下饱和 MDEA 溶液中的 EIS 参数拟合结果

温度（℃）	R_s（$\Omega \cdot cm^2$）	Q（$10^{-6} \Omega^{-1} \cdot s^{-n} \cdot cm^{-2}$）	n	R_{ct}（$\Omega \cdot cm^2$）
20	15.830	717.2	0.7686	3349
40	2.064	639.4	0.7701	1741
60	4.067	490.6	0.8141	757.6
80	4.463	1392.0	0.7448	344.6

　　图 3−48 是 304L 不锈钢在不同温度下的氯离子浓度为 20000 mg/L 的饱和 H_2S/CO_2 脱硫溶液（MDEA）中极化曲线，表 3−15 列出了 304L 不锈钢在相对应条件下的极化曲线参数拟合结果。由图 3−48 和表 3−15 可知，在脱硫溶液中氯离子浓度不变的情况下，304L 不锈钢在 MDEA 脱硫溶液中随着腐蚀介质环境温度的升高，其腐蚀电位先负移后正移，自腐蚀电流单调增大，其变化规律和 20G 钢一致。在 20℃时，304L 不锈钢在含酸性组分脱硫溶液中的腐蚀电位为 −0.52159 V，自腐蚀电流密度为 0.000459 mA/cm²；当温度升高到 80℃时，腐蚀电位下降至 −0.66942 V，在这个过程中，腐蚀电压下降幅度最高达到 182 mV，而自腐蚀电流密度增加到 0.009958 mA/cm²，比 20℃时腐蚀电流密度增加了 20 多倍。

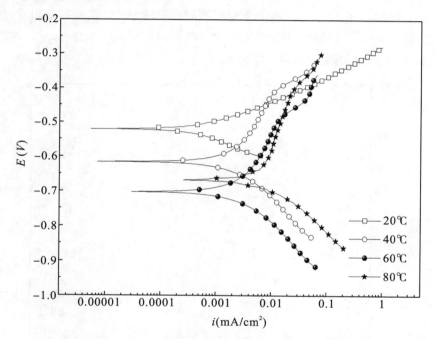

图 3−48　304L 不锈钢在不同温度下饱和 MDEA 溶液中的极化曲线

表 3−15　304L 不锈钢在不同温度下饱和 MDEA 溶液中的极化曲线参数拟合结果

温度（℃）	E（V）	b_a（mV/dec）	b_c（mV/dec）	i_{corr}（mA/cm²）
20	−0.52159	64.203	82.06	0.000459
40	−0.60775	273.700	127.04	0.002712
60	−0.70342	294.190	140.02	0.003133

续表

温度（℃）	E（V）	b_a（mV/dec）	b_c（mV/dec）	i_{corr}（mA/cm²）
80	−0.66942	544.310	118.05	0.009958

图 3−49 为 304L 不锈钢在氯离子浓度为 20000 mg/L 的 MDEA 溶液中的 EIS 图谱，相应的等效电路图和 20G 钢一致。根据等效电路利用 ZsimpWin 进行拟合，相关的结果见表 3−16。从图 3−49 可以看出，304L 不锈钢在各个温度条件下的 Nyquist 曲线都表现为单一的容抗弧。随着脱硫溶液温度的升高，304L 不锈钢的 EIS 容抗弧半径明显减小，这说明随着脱硫溶液温度的升高，304L 不锈钢在电化学过程中的总的电荷转移电阻减小，耐腐蚀性能降低。由表 3−16 可知，在 20℃时，304L 不锈钢在脱硫溶液中的电荷转移电阻 R_{ct} 达到 23630 $\Omega \cdot cm^2$，而当温度升高到 80℃时，其值减小到 892.9 $\Omega \cdot cm^2$，说明高温促进了 304L 不锈钢表面钝化膜的溶解。

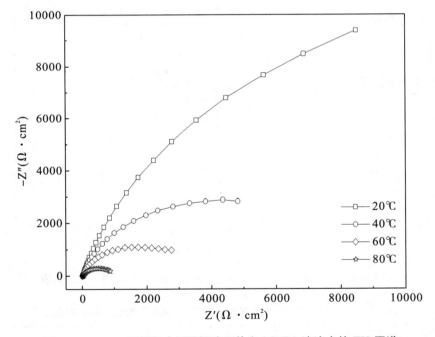

图 3−49　304L 不锈钢在不同温度下饱和 MDEA 溶液中的 EIS 图谱

表 3-16　304L 不锈钢在不同温度下饱和 MDEA 溶液中的 EIS 参数拟合结果

温度（℃）	R_s（$\Omega \cdot cm^2$）	Q（$10^{-6}\Omega^{-1} \cdot s^{-n} \cdot cm^{-2}$）	n	R_{ct}（$\Omega \cdot cm^2$）
20	13.870	233.5	0.8473	23630
40	1.873	296.2	0.8791	6363
60	2.263	303.1	0.8392	2978
80	4.740	652.9	0.7608	892.9

　　图 3-50 为 316L 不锈钢在不同温度下氯离子浓度为 20000 mg/L 的饱和 H_2S/CO_2 脱硫溶液（MDEA）中的极化曲线，表 3-17 为 316L 不锈钢在相应条件下极化曲线参数拟合结果。由图 3-50 和表 3-17 可知，在脱硫溶液中氯离子浓度恒定的情况下，316L 不锈钢在 MDEA 脱硫溶液中随着温度的升高，腐蚀电位先负移后正移，自腐蚀电流单调增大，其变化规律和 304L 不锈钢基本一致。在 20℃时，316L 不锈钢在脱硫溶液中的腐蚀电位为 -0.52064 V，自腐蚀电流密度为 0.000494 mA/cm^2；而温度升高到 80℃时，腐蚀电位下降至 -0.63427 V，自腐蚀电流密度增加到 0.009350 mA/cm^2，与 20℃时相比，腐蚀电流密度增加了近 18 倍。在此过程中，60℃时腐蚀电压最低达到 -0.65829 V，变化幅度达到 137 mV。

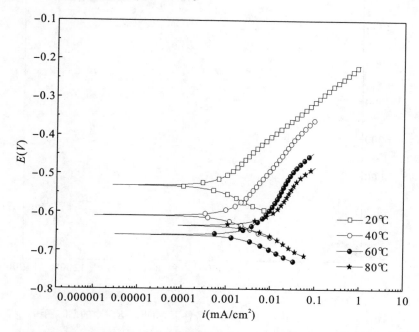

图 3-50　316L 不锈钢在不同温度下饱和 H_2S/CO_2 脱硫溶液中的极化曲线

表 3-17　316L 不锈钢在不同温度下饱和 H₂S/CO₂ 脱硫溶液中的极化曲线参数拟合结果

温度（℃）	E（V）	b_a（mV/dec）	b_c（mV/dec）	i_{corr}（mA/cm²）
20	−0.52064	85.11	56.689	0.000494
40	−0.60848	140.42	71.618	0.001443
60	−0.65829	164.59	75.987	0.003012
80	−0.63427	171.71	107.82	0.009350

图 3-51 为 316L 不锈钢在不同温度条件下氯离子浓度为 20000 mg/L 的脱硫溶液中的 EIS 图谱，相应的等效电路如图 3-36 所示。根据等效电路利用 ZsimpWin 进行拟合，相关参数拟合结果见表 3-18。从图 3-51 可以看出，在各个温度下 316L 不锈钢的 Nyquist 曲线都表现为单一的容抗弧。随着脱硫溶液温度的升高，316L 不锈钢的 EIS 容抗弧半径明显减小，这说明随着脱硫溶液温度的升高，316L 不锈钢在电化学过程中的总的电荷转移电阻减小，耐腐蚀性能降低。通过表 3-18 可知，在 20℃时，316L 不锈钢在脱硫溶液中的电荷转移电阻 R_{ct} 为 33740 Ω·cm²，而当温度升高到 80℃时，其值减小到 1289 Ω·cm²。

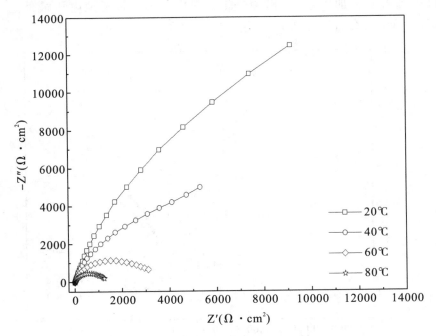

图 3-51　316L 不锈钢在不同温度条件下 MDEA 溶液中的 EIS 图谱

表 3-18　316L 不锈钢在不同温度下的 EIS 参数拟合结果

温度（℃）	R_s（$\Omega \cdot cm^2$）	Q（$10^{-6}\Omega^{-1} \cdot s^{-n} \cdot cm^{-2}$）	n	R_{ct}（$\Omega \cdot cm^2$）
20	7.62	206.0	0.8000	33740
40	2.96	252.1	0.8874	9281
60	2.70	284.8	0.8351	3047
80	1.50	397.9	0.6595	1289

3.5　净化装置材质应力腐蚀风险评价

图 3-52 为 20G-316L 复合板试样。在 20G-316L 复合板上切取试样，图中三个区域分别为母材区、热影响区、焊缝区。

图 3-52　20G-316L 复合板试样

3.5.1　富液中应力腐蚀测试

（1）试验内容

根据国标 GB/T 15970.2—2000 进行四点弯曲应力腐蚀失效测试。按照 85％屈服强度施加应力，经过 720 h 试验周期后，取出试样进行分析。具体试验条件见表 3-19。

表 3—19　四点弯曲试验条件

编号	试验环境	材质	温度（℃）	分压（MPa）	加载挠度（mm）	加载应力（MPa）	周期（h）
1	50％MDEA富液	覆层焊缝区域	24±3	$P_{H_2S}=0.1$ $P_{CO_2}=0.1$	1.01	259.66	720
2					1.05	253.89	
3					1.13	261.05	

（2）试验结果

经过周期为 720 h 四点弯曲试验后，试样在 130℃，50％MDEA 富液工况条件下四点弯曲试验中的结果如图 3—53 所示。所有试样经过 720 h 试验周期后，在显微镜下未观测到微裂纹。

图 3—53　316L 不锈钢在 50％MDEA 富液中腐蚀后的微观形貌

3.5.2　半贫液中应力腐蚀测试

（1）试验内容

根据国标 GB/T 15970.2—2000 进行四点弯曲应力腐蚀失效测试。按照 85％屈服强度施加应力，经过 720 h 试验周期后，取出试样进行分析。具体试验条件见表 3—20。

表 3-20　四点弯曲试验条件

编号	试验环境	材质	温度（℃）	含量（ppm）	加载挠度（mm）	加载应力（MPa）	周期（h）
1	50%MDEA 半贫液	覆层 焊缝 区域	24±3	H_2S：950 CO_2：200	1.05	253.89	720
2					1.01	251.89	
3					1.09	261.05	

注：地处 ppm 为溶质质量占溶液质量的百万分比。

（2）试验结果

经过 720 h 四点弯曲法试验后，316L 不锈钢在 50%MDEA 半贫液中的试验结果如图 3-54 所示。在 50%MDEA 半贫液环境下，316L 不锈钢的试样表面无断裂或裂痕，说明 316L 不锈钢具有较好的抗硫化物应力开裂能力。

图 3-54　316L 不锈钢在 50%MDEA 半贫液中腐蚀后的微观形貌

3.6　小结

（1）20G 钢在 UDS 联合溶液中的腐蚀速率远超过净化装置的腐蚀控制指标（<0.075 mm/a），而 304L 和 316L 不锈钢在 UDS 联合溶剂中腐蚀轻微。同样的，20G 钢在酸性水中的腐蚀速率相对严重，均匀腐蚀速率达到 0.1565 mm/a，是净化厂腐蚀控制值（0.075 mm/a）的两倍，而 304L 和 316L 不锈钢失重腐蚀速率较低，远低于净化装置腐蚀控制范围。

（2）在气相环境下，热稳定性盐对钢材的腐蚀影响轻微。在液相环境下，有机盐或无机盐的电离使得致密的腐蚀产物膜 FeS 加速沉积，从而降低了腐蚀速率；当有机盐和无机盐同时存在时，无机—有机盐将使溶液中的离子浓度急剧升高，溶液中阴阳离子间的相互吸引导致 Fe^{2+} 和 S^{2-} 的结合机会急剧减少，从而形成疏松多孔的腐蚀产物膜，钢材的腐蚀速率升高。

（3）随着氯离子含量的增加，三种不锈钢（20G、304L 和 316L）在 110℃ 的 H_2S/CO_2 脱硫 MDEA 溶液中的腐蚀速率呈倒 V 形，并在 20000 mg/L 时达到峰值。其中，20G 钢的腐蚀严重，另外两种不锈钢（304L 和 316L）的腐蚀轻微。20G 钢的腐蚀产物主要为 FeS、FeS_2 和 $FeCO_3$，其腐蚀过程主要受 H_2S 控制。氯离子能穿透腐蚀产物并在金属基体表面吸附，导致腐蚀层与金属基体的黏附力降低，从而加速金属阳极的活化溶解。

（4）随着温度升高，20G 钢、304L 不锈钢及 316L 不锈钢的腐蚀速率均明显增加。当温度超过 70℃ 时，20G 钢达到严重腐蚀程度，但 304L 不锈钢和 316L 不锈钢还属于轻微腐蚀范围，说明它们的耐腐蚀性能远优于 20G 钢。温度主要影响电化学离子反应速率以及腐蚀产物膜性质，进而影响腐蚀速率。

（6）通过四点弯应力腐蚀试验，评价了 20G－316L 复合材料焊缝区域的硫化物应力腐蚀开裂风险。316L 不锈钢覆层焊缝区在模拟服役工况下未发现微裂纹，具有良好的抗硫化物应力开裂性能。

参考文献

［1］ ZHANG N Y, ZENG D Z, ZHANG Z, et al. Effect of flow velocity on pipeline steel corrosion behaviour in H_2S/CO_2 environment with sulphur deposition [J]. Corrosion Engineering, Science and Technology, 2018, 53 (5)：370－377.

［2］ 西南石油大学. 一种用于应力腐蚀的四点弯曲试样夹持装置及加载方法：CN201610511972.6 [P]. 2016－12－07.

［3］ BAI P P, ZHAO H, ZHENG S Q, et al. Initiation and developmental stages of steel corrosion in wet H_2S environments [J]. Corrosion Science, 2015, 93：109－119.

［4］ BAI P P, LIANG Y X, ZHENG S Q, et al. Effect of amorphous FeS semiconductor on the corrosion behavior of pipe steel in H_2S-containing environments [J]. Industrial & Engineering Chemistry Research, 2016, 55 (41)：10932－10940.

[5] 葛鹏莉，曾文广，肖雯雯，等. H_2S/CO_2 共存环境中施加应力与介质流动对碳钢腐蚀行为的影响 [J]. 中国腐蚀与防护学报，2021，41（2）：271-276.

[6] ZENG D Z, DONG B J, ZENG F，et al. Analysis of corrosion failure and materials selection for CO_2-H_2S gas well [J]. Journal of Natural Gas Science and Engineering，2021，86：103734.

[7] SHI F X, LEI Z, YANG J W，et al. Polymorphous FeS corrosion products of pipeline steel under highly sour conditions [J]. Corrosion Science，2016，102：103-113.

[8] 于浩波，刘家宁，杨明，等. 腐蚀产物晶体结构及离子选择性对 P110S 低合金钢在 H_2S/CO_2 环境中腐蚀行为的影响 [J]. 表面技术，2020，49（3）：28-34.

[9] WEI L, PANG X L, GAO K W. Effect of small amount of H_2S on the corrosion behavior of carbon steel in the dynamic supercritical CO_2 environments [J]. Corrosion Science，2016，103：132-144.

[10] DONG B J, LIU W, ZHANG Y，et al. Comparison of the characteristics of corrosion scales covering 3Cr steel and X60 steel in CO_2-H_2S coexistence environment [J]. Journal of Natural Gas Science and Engineering，2020，80：103371.

[11] Dong B J, Zeng D Z, Yu Z M，et al. Corrosion mechanism and applicability assessment of N80 and 9Cr steels in CO_2 auxiliary steam drive [J]. Journal of Materials Engineering and Performance，2019，28（2）：1030-1039.

[12] WEI L, PANG X L, GAO K W. Corrosion of low alloy steel and stainless steel in supercritical $CO_2/H_2O/H_2S$ systems [J]. Corrosion Science，2016，111：637-648.

[13] CHOI Y-S, DUAN D L, JIANG S，et al. Mechanistic Modeling of Carbon Steel Corrosion in a Methyldiethanolamine（MDEA）-based carbon dioxide capture process [J]. Corrosion，2013，69（6）：551-559.

[14] 田永强，付安庆，胡建国，等. 低 Cr 钢在 CO_2/H_2S 环境中的腐蚀行为研究 [J]. 表面技术，2019，48（5）：49-57.

[15] DONG B J, ZENG D Z, YU Z M，et al. Effects of heat-stable salts on

the corrosion behaviours of 20 steel in the MDEA/H$_2$S/CO$_2$ environment [J]. Corrosion Engineering, Science and Technology, 2019, 54 (4): 339−352.

[16] GUO S Q, XU L N, ZHANG L, et al. Characterization of corrosion scale formed on 3Cr steel in CO$_2$-saturated formation water [J]. Corrosion Science, 2016, 110: 123−133.

[17] ZHANG Y C, PANG X L, QU S P, et al. Discussion of the CO$_2$ corrosion mechanism between low partial pressure and supercritical condition [J]. Corrosion Science, 2012, 59: 186−197.

[18] DONG B J, ZENG D Z, YU Z M, et al. Effects of heat-stable salts on the corrosion behaviours of 20 steel in the MDEA/H$_2$S/CO$_2$ environment [J]. Corrosion Engineering Science and Technology, 2019, 54 (4): 339−352.

[19] WEI L, PANG X L, GAO K W. Corrosion of low alloy steel and stainless steel in supercritical CO$_2$/H$_2$O/H$_2$S systems [J]. Corrosion Science, 2016, 111: 637−648.

[20] 王云帆. P110SS 钢在高含 H$_2$S 与 CO$_2$ 条件下的腐蚀规律 [J]. 断块油气田, 2017, 24 (6): 863−866.

[21] 王帆, 李娟, 李金灵, 等. 金属管道在 CO$_2$/H$_2$S 环境中的腐蚀行为 [J]. 热加工工艺, 2021, 50 (4): 1−7.

[22] 孙乔. 硫化亚铁的离子选择性与 H$_2$S/CO$_2$ 腐蚀行为的相关性研究 [D]. 北京: 中国石油大学, 2019.

[23] 李慧心. 高含 H$_2$S 环境下低合金钢腐蚀产物演化及其对腐蚀行为的影响 [D]. 北京: 北京科技大学, 2019.

[24] 白鹏鹏. H$_2$S 环境下碳钢腐蚀产物的晶型演化及其对腐蚀行为的影响机制研究 [D]. 北京: 中国石油大学, 2017.

[25] GUO S Q, XU L N, ZHANG L, et al. Corrosion of alloy steels containing 2% chromium in CO$_2$ environments [J]. Corrosion Science, 2012, 63: 246−258.

[26] ZHANG N Y, ZENG D Z, ZHANG Z, et al. Effect of flow velocity on pipeline steel corrosion behaviour in H$_2$S/CO$_2$ environment with sulphur deposition [J]. Corrosion Engineering, Science and Technology, 2018, 53 (5): 370−377.

［27］ LIU Q Y，MAO L J，ZHOU S W. Effects of chloride content on CO_2 corrosion of carbon steel in simulated oil and gas well environments ［J］. Corrosion Science，2014，84：165－171.

第 4 章　硫回收和硫成型装置腐蚀
评价与腐蚀规律分析

　　液硫本身具有腐蚀性，再加上液硫中可能夹带有少量的 H_2S、S_2 和自由水，液硫的腐蚀性将进一步增加[1-4]，这对设备管线可能造成更为严重的腐蚀，甚至引发安全事故。本章主要研究了硫回收单元中液硫对材质的腐蚀行为，并评价了硫成型单元中湿硫颗粒对装置的腐蚀行为。

4.1　液硫对装置设备腐蚀试验及机理分析

4.1.1　硫回收过程腐蚀评价装置及方法

　　自主研制的硫回收过程现场腐蚀评价装置主要由密封盖板、悬挂系统、挂片支架、液硫封法兰、管路系统组成，可实现多材质、多相态硫介质的腐蚀评价。多相态硫介质腐蚀评价示意图如图 4-1 所示，现场挂片安装位置示意如图 4-2 所示，硫回收单元工艺流程及腐蚀评价装置安装位置示意图如图 4-3 所示。

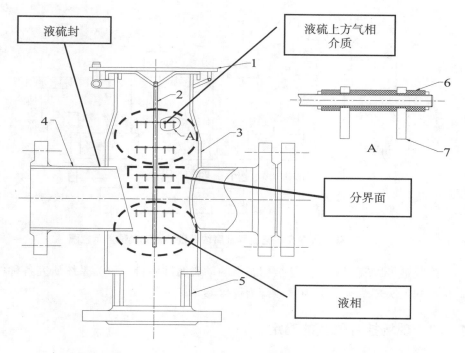

1. 密封盖板；2. 挂片支架；3. 多相态硫腐蚀评价管路；4. 管路；
5. 液硫封法兰；6. 聚四氟乙烯；7. 试片

图 4-1 多相态硫介质腐蚀评价示意图

图 4-2 现场挂片位置安装示意图

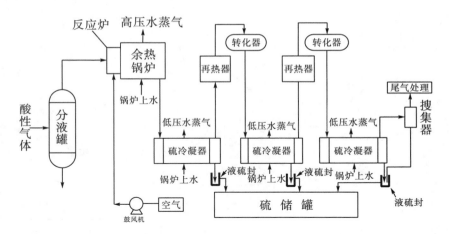

图 4-3　硫回收单元工艺流程及腐蚀评价装置安装位置示意图

该装置可以实现对高温复杂相态下的动态腐蚀评价，可为系统研究各种材质在不同工况环境条件下的腐蚀行为提供参考。

4.1.2　现场挂片位置的确定

通过实地勘测，对现场各个位置进行综合对比分析后最终将液硫的挂片位置确定于液硫封处，液硫封的现场位置如图 4-4 所示。试片材质为 20G、16MnR、304L、316L。挂片位置在液硫、交界面、气相处。试片尺寸为30 mm×15 mm×3 mm（悬挂孔直径=7 mm）。

图 4-4　液硫封现场位置图

液硫封内除了液硫外，气相组成主要为硫蒸气、硫化氢气体、二氧化硫、水蒸气等，其具有较强的腐蚀性，故在此处的挂片腐蚀情况能在一定程度上体现硫回收单元其他管线设备的腐蚀情况。将试片通过挂架固定在液硫封的上部观察孔，下部支撑架采用可以活动的结构，然后将试片固定在支撑架上面。

　　将试片通过挂架固定在液硫封内的具体固定方法是在试片支架上部横梁处加工一个卡槽，其大小与液硫封观察孔大小吻合，作为主要的承重部件，再将试片和支架一起挂在液硫封里面，具体情况如图 4-5 所示。每一排挂 3 种材质，分别为 20G、304L 和 316L，平行 6 排分别监测不同高度材质的腐蚀情况，同时尽量保证下面 3 排在液硫界面下，上面 3 排在液硫界面上。挂架和螺帽的材质采用特殊高强度耐腐蚀性材质，以保证结构的稳定。试片和挂架之间用绝缘材料，防止不同材质之间形成电偶腐蚀。

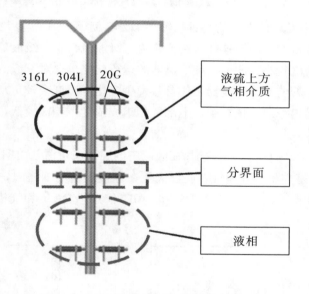

图 4-5　液硫封挂片结构示意图

4.1.3　现场挂片试验结果与讨论

　　图 4-6 为 20G 挂片在液硫中的腐蚀速率。图中虚线为净化装置腐蚀控制上限（0.075 mm/a）[5]，由图可知，在液硫环境中，部分 20G 挂片的腐蚀速率超过了净化装置的控制范围，这可能是由于液硫溶解有少量的 H_2S、SO_2 和游离水，具有较强的腐蚀性。在液硫封内由于压力的变化解析出酸性气，导致液硫封内液硫气相主要为酸性气和硫蒸汽，同样具有较强的腐蚀性[6]。

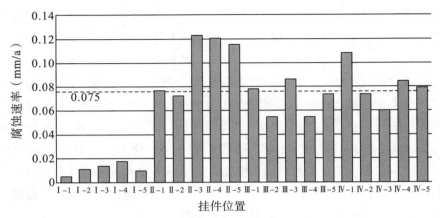

图 4-6　不同位置下的 20G 挂片在液硫中的腐蚀速率

图 4-6 中发现挂件 I 的腐蚀速率都较小，远远小于其他几组挂件，出现反常现象。分析原因为该挂件所在位置为三级液硫封，三级液硫封本身液硫流量就比二级液硫封小。此外，硫冷凝器的运行状况也会对三级液硫封内液硫流量造成影响，若前面硫冷凝器工作参数发生变化，温度会较正常时低，这可能导致该段时间内液硫流量较少，上部气相组成浓度也相应较低，因而腐蚀速度较其他几个液硫封小。

图 4-7 为 304L 和 316L 挂片在液硫中的腐蚀失重值，由图可以看出 304L 和 316L 挂片基本不存在腐蚀，腐蚀失重在称量误差范围之内，有少数甚至出现了增重的情况。由此可知，304L 和 316L 不锈钢在液硫和气相酸性气中耐腐蚀性良好。

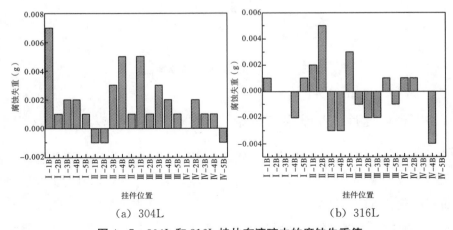

（a）304L　　　　　　　（b）316L

图 4-7　304L 和 316L 挂片在液硫中的腐蚀失重值

由于 304L 和 316L 不锈钢在液硫封中腐蚀轻微，挂片表面非常光亮，因此只对 20G 挂片腐蚀产物进行扫描电镜观察和能谱分析。液硫中 20G 挂片的腐蚀产物形貌和能谱分析结果如图 4−8 所示。由图 4−8 可知，挂片表面覆盖物主要为一些谷粒状晶体堆积形成的腐蚀产物膜。根据能谱结果可知，该腐蚀产物主要由铁的氧化物和硫化物构成，同时还有少量的单质硫。

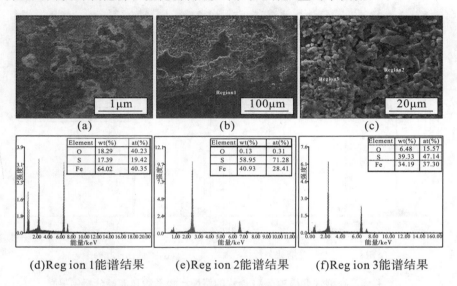

图 4−8 液硫中 20G 挂片的腐蚀产物膜形貌和能谱分析结果

图 4−9 为在酸性介质中 20G 挂片的腐蚀产物形貌和能谱分析结果。由图可看出，在上部酸性介质中的 20G 钢表面腐蚀产物膜在低倍观察下相对较平整，可以观察到许多由于冷却形成的微裂纹。由能谱结果可知，该腐蚀产物也是由铁的氧化物和硫化物构成。上部酸性介质中铁的氧化物含量较液硫中明显增多，可能是上部和外界大气联通，氧浓度增加导致的。

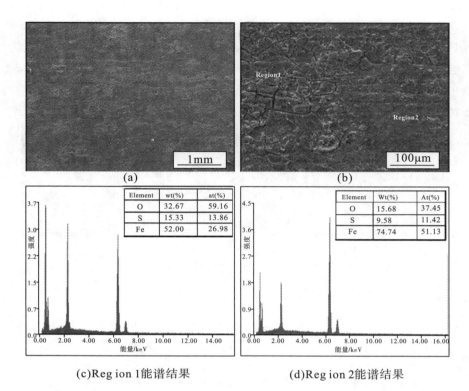

(c)Region 1能谱结果　　　　　　(d)Region 2能谱结果

图 4-9　在酸性介质中 20G 挂片的腐蚀产物形貌和能谱分析结果

4.1.4　液硫对设备的腐蚀机理

液硫中含有大量的腐蚀性杂质，如 H_2S、水蒸气及 S_2，这些腐蚀介质与钢材接触后会发生 H_2S 腐蚀与露点腐蚀[7-8]，具体反应过程为式（4-1）～式（4-5）。

$$2Fe+S_2 \longrightarrow 2FeS \qquad (4-1)$$

$$Fe+H_2S \longrightarrow FeS+H_2 \qquad (4-2)$$

$$2FeS+3O_2 \longrightarrow 2FeO+2SO_2 \qquad (4-3)$$

$$Fe+H_2O+SO_2 \longrightarrow FeSO_3+H_2 \qquad (4-4)$$

$$Fe+H_2O+SO_3 \longrightarrow FeSO_4+H_2 \qquad (4-5)$$

20G 钢在含有 H_2S、水蒸气和 S_2 环境中，表面首先会吸附大气中的水分形成水膜[9]，然后在水膜处发生 Fe 的溶解反应，最后 Fe 与腐蚀介质 S_2 及 H_2S 反应生成腐蚀产物 FeS[10]。由于未对液硫进行除氧处理，同时由于搅拌作用，液硫中会溶有少量的 O_2，腐蚀产物 FeS 进而与 O_2 反应，生成 SO_2 及 Fe 的氧化物。由于冷却，FeS 腐蚀产物膜会形成小裂纹，腐蚀介质通过裂纹穿过腐蚀产物膜，继续与 Fe 基体反应，最终生成 $FeSO_4$，并在 FeS 腐蚀产物层下生成另一层腐蚀产物膜[11]。

4.2　硫成型单元大气腐蚀试验评价

4.2.1　硫成型及储运过程腐蚀评价装置及方法

图 4-10 为自主设计的湿硫颗粒腐蚀试验装置，主要由搅拌系统、可视化容器、温控系统、腐蚀测试夹具和控制主机组成，可实现湿法成型、含水硫颗粒和干硫颗粒三种腐蚀环境的模拟[12]。该装置实现了多种工艺环节、不同成型状态的动态腐蚀模拟，为系统研究各种材质在不同介质、摩擦速度和温度下的腐蚀行为提供了硬件支撑。

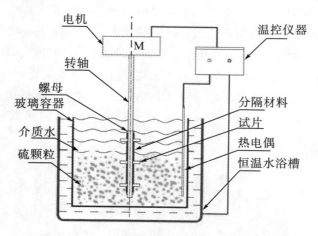

图 4-10　自主设计的湿硫颗粒腐蚀试验装置

试片材质为 20G 钢、316L 不锈钢。测试位置在溶液、界面和硫处。温度范围为 30℃~60℃，转速范围为 10~100 rpm。

图 4-11 为 316L 不锈钢和 20G 钢在硫颗粒成型环境中的腐蚀失重。由图 4-11 可知，20G 钢的腐蚀速率明显大于 316L 不锈钢，且随着温度的升高，两种材质腐蚀速率均呈现增加趋势。即使在 60℃条件下，316L 不锈钢也能达到控制标准以下，这说明此种环境下，20G 钢不适用，而 316L 不锈钢是比较合适的。

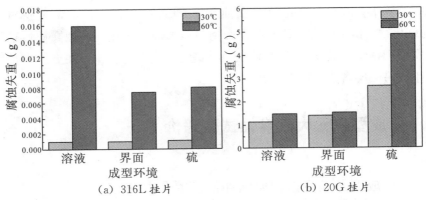

（a）316L 挂片　　　　　　　　　（b）20G 挂片

图 4—11　316L 不锈钢和 20G 钢在硫颗粒成型环境中的腐蚀失重

4.2.2　现场挂片位置的确定

由于硫成型单元周围含有较多的水汽，空气湿度较大，钢会暴露于含酸气的空气中，易发生严重的大气腐蚀，因此选择成型单元腐蚀严重的区域设置腐蚀监测点，分别为成型单元顶部、成型单元中部及硫传送带上方。由于传送带结构钢的腐蚀较严重，因而在传送带周围设置多处腐蚀挂片监测点。此外，由于细粉硫再熔器周围温度较高，在一定程度上会增加腐蚀程度，因而在细粉硫再熔器上端应该设置一处腐蚀监测点。综合上述分析，对于硫成型单元腐蚀挂片位置确定为硫颗粒成型罐中部和顶部、细粉硫再熔器上部、硫产品传输带（始端、中段和末端）和圆形料仓顶部（如图 4—12 所示）。大气腐蚀挂片时间为 120 d，挂片材质为 20G 钢，试片尺寸为 30 mm×15 mm×3 mm。

图 4—12　硫成型单元试片安装图

4.2.3 现场挂片试验结果与讨论

图 4-13 为 20G 钢在硫成型单元大气环境中的腐蚀速率，图中虚线为净化装置腐蚀控制上限（0.075 mm/a）。从图中可以看出，在硫成型罐附近的挂片腐蚀速率都超过了该控制标准，其他传送带周围挂片腐蚀速率虽然没有超过该范围，但是也存在较严重的腐蚀。分析原因主要是硫成型罐周围形成了强腐蚀性环境。形成的原因是液硫从硫回收单元带入少量酸性气（主要为 H_2S 和 SO_2），加上温度较高，酸性气析出进入空气，空气湿度较大，所以在钢材周围形成了强腐蚀性环境。由于在硫颗粒的传输过程中，传送带暴露于大气中，硫颗粒中的水会蒸发而留存于传送带周围，导致空气湿度增大，加上 H_2S 及 SO_2 等酸性介质，使得周围的钢材发生严重腐蚀[13-14]。而硫成型单元周围的酸性介质及空气中水蒸气含量相对传送带高，因此传送带周围钢材的腐蚀程度比成型单元周围低。

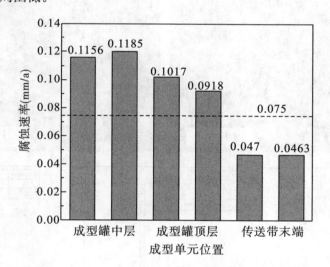

图 4-13　20G 钢在硫成型单元大气环境中的腐蚀速率

图 4-14 为硫成型单元中大气腐蚀挂片清洗前后的宏观形貌。从图中可以看出，挂片表面被厚厚的一层腐蚀产物膜覆盖，最外面腐蚀产物为粉末状，且不同地方的挂片腐蚀产物膜颜色不同，这和空气湿度有一定的关系。清洗后挂片表面较平整，未发现大面积的点蚀和坑蚀，但是能够明显看出挂片表面存在较严重的均匀腐蚀。

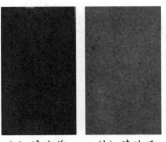

（a）清洗前　　（b）清洗后

图4-14　20G钢在硫成型单元大气环境中的宏观形貌

图4-15为硫成型罐旁挂片的腐蚀形貌和能谱分析。由图可知，硫成型罐顶部挂片表面有大量的点簇状腐蚀产物堆垛，且厚薄不均，局部地方腐蚀产物呈突出状。由能谱结果可知，腐蚀产物元素以S、O、Fe为主，且O的含量较多，再结合腐蚀产物形貌，推测腐蚀产物主要为 Fe_2O_3 和少量的FeS。

图4-15　硫成型罐旁挂片的腐蚀形貌和能谱分析

图 4－16 为硫成型罐顶部挂片的腐蚀形貌和能谱分析。由图可知，成型罐顶部挂片腐蚀情况与成型罐旁边挂片腐蚀情况类似，表面腐蚀产物为针状，再结合能谱结果可以推测腐蚀产物主要为 Fe_2O_3 和少量的 FeS[15]，与成型罐旁边的挂片腐蚀产物膜成分相近。

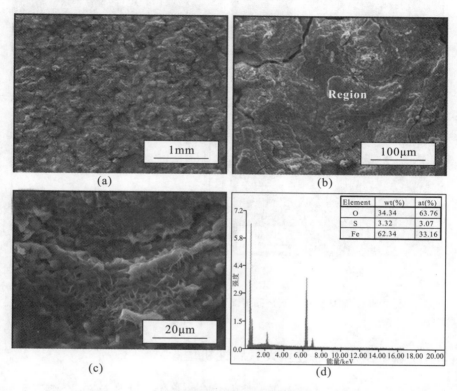

图 4－16　硫成型罐顶部挂片的腐蚀形貌和能谱分析

图 4－17 为硫成型单元硫产品传输带周围挂片的腐蚀形貌和能谱分析。由图可知，传送带周围的挂片同样被较多的腐蚀产物覆盖，且腐蚀产物膜表面并不平整，点簇状腐蚀产物堆积在钢的表面。由能谱结果可知，腐蚀产物主要由 S、O、Fe 元素构成，可以推测该腐蚀产物主要为 Fe_2O_3 和 FeS。其中，FeS 的含量较成型罐周围有所增加，主要原因是成型罐周围空气湿度大，更有助于 Fe_2O_3 的生成[16]。

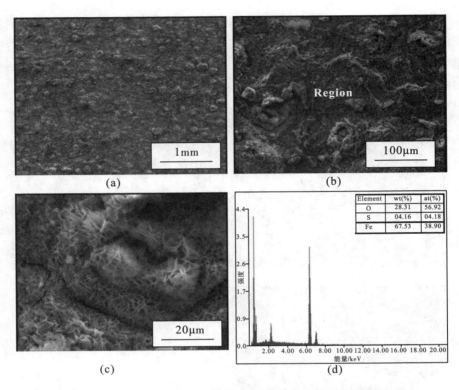

图 4-17 硫成型单元硫产品传输带周围挂片的腐蚀形貌和能谱分析

4.2.4 硫成型及储运过程大气腐蚀机理

金属暴露于大气之中，由于大气中含有的水汽，H_2S 及 O_2 会溶于大气中少量的水汽中，当水汽凝结于周围钢材表面时，形成一层薄电解液膜，进而形成一种电化学腐蚀体系。电解液膜非常薄，增大了其中的腐蚀性介质的传播能力。在电化学体系阴极，发生 O_2 的去极化作用，而阳极发生金属的水化溶解[17]。

（1）O_2 扩散的阴极反应过程

含 O_2 的电化学体系中，在碱性与酸性条件下，电化学反应过程不同。

在中性或碱性介质中的反应为：

$$O_2 + 2H_2O + 4e^- \longrightarrow 4OH^- \qquad (4-6)$$

在酸性介质中的反应为：

$$O_2 + 4H^+ + 4e^- \longrightarrow 2H_2O \tag{4-7}$$

由于覆盖于金属基体表面的溶液膜较薄，O_2 的传质速度快，因此在电化学阴极主要发生 O_2 的去极化反应。当覆盖在金属表面的水膜越薄，则腐蚀介质的扩散速度越快，腐蚀速率则越大。

（2）阳极钝化反应过程

在大气环境下，金属的阳极电化学反应表现为金属的溶解，阳极反应过程为：

$$M + xH_2O \longrightarrow M^{n+} \cdot xH_2O + ne^- \tag{4-8}$$

式中，M 代表金属，M^{n+} 为 n 价金属离子，$M^{n+} \cdot xH_2O$ 为金属离子水合物。

硫成型单元大气腐蚀严重，特别是硫成型罐周围。这是由于温度较高，空气湿度较大，加上液硫带入的少量酸性气（$H_2S + SO_2$），空气中的 O_2 溶于水的薄液膜，产生 O_2 的去极化作用，与铁反应生成 $Fe(OH)_2$。$Fe(OH)_2$ 不稳定，会继续反应，最终产生 $Fe(OH)_3$ 及 Fe_3O_4 腐蚀产物[18]，而液硫中的少量酸气溶于液膜后，易与金属基体反应生成铁的硫化物腐蚀产物[19-20]。

$$O_2 + 2H_2O + 4e^- \longrightarrow 4OH^- \tag{4-9}$$

$$Fe^{2+} + 2OH^- \longrightarrow Fe(OH)_2 \tag{4-10}$$

$$Fe(OH)_2 + 2H_2O + O_2 \longrightarrow 4Fe(OH)_3 \tag{4-11}$$

$$Fe(OH)_2 + 2Fe(OH)_3 \longrightarrow Fe_3O_4 + 4H_2O \tag{4-12}$$

4.3　小结

（1）20G 钢在液硫中腐蚀速率大部分超过了净化装置的腐蚀控制上限（0.075 mm/a），最高腐蚀速率达到 0.1295 mm/a，需要对硫回收单元的管线设备进行重点监测；而 304L 和 316L 不锈钢在液硫介质中腐蚀失重基本都在称量误差范围内，没有发生严重腐蚀，故应在可能的条件下选择抗腐蚀性能良好的 304L 不锈钢对净化装置进行更换。

（2）20G 钢和 316L 表面都形成了腐蚀产物膜，且腐蚀产物膜存在明显的分层。能谱分析显示腐蚀产物主要为铁的氧化物和铁的硫化物，此外还有单质硫。

（3）在硫回收单元的液硫环境中，20G 钢表现出严重的腐蚀，腐蚀类型为

H_2S 腐蚀及露点腐蚀，腐蚀表现为均匀腐蚀，未见明显点蚀，主控因素为温度、酸气介质和水的含量。20G 钢的均匀腐蚀速率未达到腐蚀控制指标（0.076 mm/a），故在液硫环境下表现出良好的耐蚀性能。建议对成型前的液硫进行脱酸气处理以控制工艺水酸度，从而减小腐蚀速率，确保安全生产。

（4）通过对硫成型单元大气腐蚀挂片的分析表明，净化装置成型单元周围由于空气湿度大、温度变化大、腐蚀介质含量高，导致钢材的腐蚀速率无法满足腐蚀控制指标，现场腐蚀挂片表面形成片状的含 Fe、O 和少量 S 元素的腐蚀产物。20G 钢在硫成型单元周围会发生严重的大气腐蚀，需要对关键部位采取一定的保护措施，确保生产作业安全。

参考文献

[1] 李文戈，尹莉，金华峰. 硫回收冷凝冷却器腐蚀原因分析及防腐对策 [J]. 石油大学学报（自然科学版），2001，25（5）：69—72.

[2] 吴基荣，毛红艳. 高含硫天然气净化新工艺技术在普光气田的应用 [J]. 天然气工业，2011，31（5）：99—102.

[3] 裴爱霞，张立胜，于艳秋，等. 高含硫天然气脱硫脱碳工艺技术在普光气田的应用研究 [J]. 石油与天然气化工，2012，41（1）：17—23.

[4] 金华峰. 硫回收装置中冷凝冷却器的腐蚀和防护 [J]. 腐蚀与防护，2001，22（4）：169—172.

[5] 中国钢铁工业协会. 金属和合金的腐蚀 大气腐蚀性 用于评估腐蚀性的标准试样的腐蚀速率的测定：GB/T 19292.4—2003 [S]. 北京：中国标准出版社，2003.

[6] 商剑锋，龙德才，田刚，等. 20 号钢在水造粒硫颗粒成型过程中的腐蚀行为 [J]. 腐蚀与防护，2013，34（10）：879—881.

[7] 曾德智，商剑峰，龙德，等. 四种钢在硫回收装置中的耐蚀性能及适用性 [J]. 机械工程材料，2015，39（4）：91—96.

[8] TAN S Z, XIAO G Q, SINGH A, et al. Corrosion mechanism of steels in MDEA solution and material selection of the desulfurizing equipment [J]. International Journal of Electrochemical Science, 2017, 12 (6): 5742—5755.

[9] 龙德才. 某高含硫气田脱硫装置腐蚀原因及规律研究 [D]. 成都：西南石油大学，2014.

[10] DONG B J, LIU W, ZHANG Y, et al. Comparison of the characteristics of corrosion scales covering 3Cr steel and X60 steel in

CO$_2$—H$_2$S coexistence environment ［J］. Journal of Natural Gas Science and Engineering，2020，80：103371.

［11］中国石油化工股份有限公司，中国石油化工股份有限公司中原油田分公司天然气处理厂，西南石油大学. 一种湿法硫成型过程金属设施腐蚀的模拟测试装置：CN201320674018.0［P］. 2014—05—07.

［12］林翠，陈三娟，肖志阳. 含SO$_2$大气中湿度对低碳钢腐蚀行为的影响［J］. 机械工程材料，2012，36（1）：16—22.

［13］岑岭，李洋，温崇荣，等. 硫回收及尾气处理装置的腐蚀与防护［J］. 石油与天然气化工，2009，38（3）：217—221.

［14］李峰，孙刚，张强，等. 天然气净化装置腐蚀行为与防护［J］. 天然气工业，2009，29（3）：104—106.

［15］DONG B J，ZENG D Z，YU Z M，et al. Effects of heat-stable salts on the corrosion behaviours of 20 steel in the MDEA/H$_2$S/CO$_2$ environment ［J］. Corrosion Engineering，Science and Technology，2019，54（4）：339—352.

［16］肖生科. 硫回收装置的腐蚀与防护［J］. 石油化工腐蚀与防护，2009，36（3）：54—56.

［17］江汉. 一种球形颗粒硫成形技术——Kaltenbach-Thüering流化床转鼓造粒工艺［J］. 硫酸工业，1998（1）：12—15.

［18］夏莉，邱艳华，褚松源，等. 大型湿法硫成型工艺在普光气田的应用［J］. 石油与天然气化工，2012，41（6）：551—553.

［19］SCHMITT G. Effect of elemental sulfur on corrosion in sour gas systems ［J］. Corrosion，1991，47（4）：285—307.

［20］刘志德，路民旭，谷坛，等. 高酸性气田集输系统元素硫存在条件下腐蚀影响因素［J］. 腐蚀与防护，2012（S1）：85—91.

第5章　高含硫天然气净化厂腐蚀监测体系构建与应用

5.1　腐蚀监测点的设置及有效性分析

5.1.1　常用腐蚀监测技术适应性分析

腐蚀监测技术是腐蚀速率在线测试的重要手段，腐蚀监测数据是金属管道腐蚀控制的根据。目前，国内外常见的腐蚀监测手段有以下几种。

挂片失重法是测量金属腐蚀最可靠的方法之一。该方法的优点是：适用于任何工作环境，较真实地反映了材质的腐蚀速度，可以直接用来预测特定部件使用的寿命。不足之处在于：不能获得瞬时腐蚀速率，不能反映工艺参数变化对腐蚀的即时影响。挂片失重法可用于校正其余监测方法的腐蚀数据[1]。

线性极化法（LPR）是目前最常用的金属腐蚀快速测试方法之一[2]。该方法的优点在于：响应速度快，可测定瞬时腐蚀速度。不足之处在于：不适用于气相环境。由于净化厂大量工艺环节涉及气相腐蚀环境，故不宜采用线性极化法。

电阻法测量的是金属元件的横截面积因腐蚀减少所引起的电阻变化。该方法的优点在于：可用于气相及液相、导电及不导电的介质中进行连续测量。不足之处在于：只能测定累计腐蚀量，腐蚀产物导电将产生测量误差。净化厂在脱硫工艺环节腐蚀介质中常伴有氯离子的点蚀，故电阻法不适用于局部腐蚀的监测[3]。

电感测量法通过测试元件质量变化引起的电感变化，将电感信号放大后输出质量损失的信息。该方法的优点在于：电感信号较灵敏，可以快速测定出腐蚀速度的变化，故可用于气相及液相、导电及不导电的介质中进行连续测量。不足之处在于：不适合测定瞬时腐蚀速率和局部腐蚀，探头表面产生的腐蚀产物的电磁性导致测量误差[4]。

超声波测厚法可以对运转中的设备进行反复测量，但是难以获得足够的灵敏度来跟踪记录腐蚀速度的变化。该方法的优点是：不损坏管线，可随时监测壁厚，并能进行逐点测量。不足之处在于：受仪器的灵敏度的限制，两次检测时间间隔短、金属壁厚变化不大时分辨率差；在高温部位检测时存在较大的困难，准确性差[5]。

氢监测法测量的是腐蚀环境中氢原子在钢中的渗透量。根据监测的氢压与时间的关系，来确定腐蚀环境中电化学反应的剧烈程度，不能直接计算得到腐蚀速率[6]。

离子含量分析法通过定期分析生产过程中的铁离子含量，可以定性确定设备的腐蚀变化情况。此法适用于纯 CO_2 腐蚀、氯离子腐蚀的生产系统。对于含 H_2S 气体的生产系统，由于腐蚀产物 FeS 呈固体状沉积，测试结果会存在较大偏差[7]。

电化学噪声技术是通过对超声波的反射变化，监测金属是否存在裂纹、空洞等的技术[8]。电化学噪声技术的最大特点是自然、真实地反映金属表面状态，是一种原位无损的监测技术。电化学噪声技术有助于研究局部腐蚀、表面膜的动态特征等，可以监测诸如均匀腐蚀、孔蚀、裂蚀、应力腐蚀开裂多种类型的腐蚀，并且能够判断金属腐蚀的类型。目前国际上电化学噪声技术已经成熟，但价格昂贵。

管道全周向监测方法（FSM）也称"电指纹法"，是通过在给定范围内进行相应次数的电位测量，以对局部进行监测和定位的方法。FSM 是一种非插入式的监测方法，通过一段与管道材质完全一致的测试短管与工艺管道焊接或法兰连接在一起，其寿命与管道的设计寿命相匹配，在管道的运行过程中不需要更换测试电极，但成本非常昂贵。

净化厂各工艺节点服役管道具有酸气负荷不同、流速不同、温度不同及相态特征不同的特点，这些都将影响到腐蚀监测的效果。净化厂管线的腐蚀监测需根据所处腐蚀环境的特点和服役工况进行选择。

（1）吸收塔中下部腐蚀监测仪器的选择

吸收塔中下部气体流速高，单层塔盘上面存在液相，塔盘之间气液混合，呈雾流状态，因此，在吸收塔进行腐蚀监测不适合应用 LPR 腐蚀监测仪器，挂片失重法、氢监测法、电阻法、电感测量法或电化学噪声技术则适合在此。

由于 H_2S 在吸收塔内直接与胺化合生成硫化胺盐 $[(RNH_3)_2S]$，没有形成氢的条件，不存在氢的鼓泡腐蚀，因此在吸收塔没有必要安装氢渗透仪器。

（2）再生塔腐蚀监测仪器的选择

与吸收塔内腐蚀环境相似，再生塔内单层塔盘上面也存在液相，但塔盘之间是不稳定的气液混相，LPR 在此使用受限，可以采用挂片失重法、氢监测法、电阻法、电感测量法或电化学噪声技术。而再生塔中下部为半贫液，渗氢的趋势较小，故不必安装氢渗透仪器。

（3）重沸器腐蚀监测仪器的选择

重沸器中上部腐蚀环境复杂，可以采用挂片失重法、氢监测法、电阻法、电感测量法或电化学噪声技术。

（4）其他管线腐蚀监测仪器的选择

高温贫、富液管线内基本上为胺溶液，在此处宜采用电阻探针、电感探针及 LPR 探针中的一种与腐蚀挂片相结合的方法来进行腐蚀监测。

重沸器半贫液返回线内气液混合，气相中存在水蒸气和少量酸气，相态呈雾流状态，宜采用挂片失重法、氢监测法、电阻法、电感测量法进行腐蚀监测。

再生塔塔顶酸气管线主要是酸气、少量水蒸气和少量胺液，宜采用挂片失重法、氢监测法、电阻法、电感测量法进行腐蚀监测。

（5）腐蚀监测点的监测手段汇总

在不同工艺节点，设备所处的腐蚀环境介质不尽相同，这会对腐蚀监测造成一定影响，而将单一的在线腐蚀监测方法和失重挂片法相结合的腐蚀监测系统具有较强的适应性。如图 5-1 所示，在一些流场变异或极易发生点蚀和局部腐蚀的区域应该配合多种腐蚀监测手段共同使用，如全周向腐蚀监测技术或定点全周向柔性超声波测厚监测等方法，以保证监测结果的准确性。

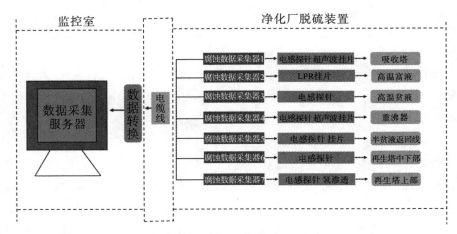

图 5-1 不同腐蚀监测点对应的腐蚀监测手段

5.1.2　净化工艺及腐蚀监测点设置

高含硫气田净化厂包含 6 个联合，12 套并列装置系列，全部采用湿法脱硫工艺，每个系列分别设置有脱硫、脱水、硫回收、尾气处理和酸水汽提单元。净化后的产品天然气达到国标二类气指标，副产品硫达到国标一等品质量标准。

鉴于腐蚀因素和类型的复杂性，为了对脱硫装置腐蚀进行有效控制，该高含硫净化装置设置了长期的在线腐蚀监测和腐蚀挂片监测。由于电感探针具有较强的适应性，能够在多相介质环境中使用，所以电感探针被采用。探针采集器型号为 DG－9500，探针探头材质和所监测位置设备管线材质一致，并配套使用 CR－1000 腐蚀在线监测软件。同时在每个监测点相同的位置设置腐蚀挂片，挂片材质和探针探头材质一致，探针探头和挂片所处位置相同。如图 5－2所示，脱硫单元腐蚀监测点主要设置在原料天然气进装置管线、水解反应器出口管线、液力透平后富液管线、再生塔重沸器气相返回管线、再生塔回流管线等处；脱水单元腐蚀监测点主要设置在脱水塔天然气入口管线和脱水塔富TEG 出口管线处；硫回收单元腐蚀监测点设置在第二级硫冷凝器入口和末级硫冷凝器出口处；尾气处理单元腐蚀监测点设置在急冷水泵出口管线处。该高含硫净化装置各个腐蚀监测点探针编号、部位和材质的统计汇总结果见表 5－1，主要腐蚀监测点分布如图 5－2 所示。

表 5－1　净化厂主要腐蚀监测点的统计汇总结果

编号	监测部位	挂片材质	所在单元
CL－1	天然气进装置管线	316L	脱硫单元
CL－2	进料过滤分离器底部液体出口管线	316L	脱硫单元
CL－3	水解反应器出口管线	316L	脱硫单元
CL－4	液力透平后富液管线	316L	脱硫单元
CL－5	再生塔塔底重沸器气相返回管线	SA516－65	脱硫单元
CL－6	胺液再生塔塔顶空冷器出口管线	316L	脱硫单元
CL－7	再生塔塔顶回流罐至硫回收单元管线	L245	脱硫单元
CL－8	胺液再生塔塔顶回流管线	20G	脱硫单元
CL－9	脱水塔天然气入口管线	316L	脱水单元
CL－10	脱水塔富 TEG 出口管线	20G	脱水单元

编号	监测部位	挂片材质	所在单元
CL－11	第二级硫冷凝器入口管线	20G	硫回收单元
CL－12	末级硫冷凝器尾气出口管线	20G	硫回收单元
CL－13	急冷水泵出口管线	20G	尾气处理单元
CL－14	酸水汽提塔塔顶气管线	20G	酸水汽提单元

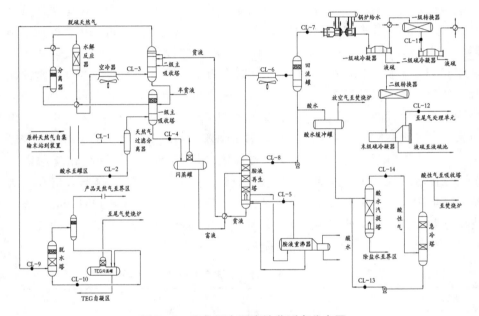

图 5－2　净化厂主要腐蚀监测点分布图

5.1.3　在线腐蚀监测数据分析

该净化厂并列的 12 套装置工艺参数基本相同,故选取 2012 年各探针在线监测腐蚀数据进行分析。为便于和腐蚀挂片进行比较分析,同时又能反映随时间变化的历史动态腐蚀状况,采用月平均腐蚀速率进行统计分析,如图5－3所示。由图 5－3 可知,该高含硫净化厂腐蚀较严重的部位主要集中在胺液再生系统、硫回收冷却系统、急冷水系统,特别是硫回收单元的第二级硫冷凝器酸性气入口管线,在 2012 年 7 月份腐蚀速率达到 0.958 mm/a,远远超过了该净化厂的腐蚀控制上限 0.075 mm/a。

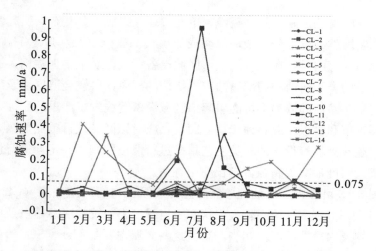

图 5-3　天然气净化厂 2012 年各在线腐蚀监测点腐蚀速率

　　胺液再生系统区域材质主要为 316L 不锈钢和抗硫碳钢，第二级硫冷凝器入口管线监测点（CL-11）和胺液再生塔塔顶回流管线腐蚀监测点（CL-8）腐蚀数据显示腐蚀速率在 0~0.352 mm/a 之间，这主要反映了胺液重沸器内，气相返回酸性介质对管线的腐蚀性和再生塔塔顶酸性水的腐蚀性，同时也在一定程度上反映了再生塔以及重沸器内部的腐蚀状况。净化厂胺液再生塔内底部操作温度为 118℃~124℃，顶部为 90℃~100℃，重沸器操作温度在 126℃~130℃之间，较高的温度会增加电化学腐蚀，同时，还存在较严重的 H_2S/CO_2 腐蚀、胺液降解产物腐蚀和空泡腐蚀等。特别是在重沸器和贫富胺液换热器内，由于胺液受热导致酸气解析，空泡腐蚀和磨损腐蚀同时存在，可能对设备造成严重的腐蚀。从图中可以看出，腐蚀监测数据存在一定的波动，胺液再生塔塔顶回流管线监测点（CL-8）在 2012 年 8 月腐蚀速率明显加快，次月很快恢复正常，这可能是装置运行不平稳或者探针信号不稳定引起的。同时还可以看到重沸器气相返回管线监测点（CL-5）从 2012 年 8 月开始腐蚀速率也有所增加，且在之后两个月腐蚀速率都较高，这很可能是装置生产运行不平稳导致富胺液酸气负荷、污染物含量、流速等发生了变化，从而引起严重的腐蚀。由此可知，保证装置的平稳运行也是防止腐蚀的一个重要因素。此外，还应严格控制胺液的酸气负荷及杂质含量，酸气负荷或杂质含量过高都会导致胺液腐蚀性增强，进而使设备发生严重的腐蚀。

　　图 5-3 显示第二级硫冷凝器酸性气入口管线监测点（CL-11）在 2012 年 6 月—12 月期间腐蚀严重，特别是 7 月腐蚀速率达到 0.958 mm/a，远远超出

了该净化厂的腐蚀控制上限。硫回收单元过程气组成十分复杂，引起腐蚀的因素较多，腐蚀类型也十分复杂。硫酸或亚硫酸的露点腐蚀、H_2S/H_2O 腐蚀和高温硫化腐蚀等同时存在，再加上该区域设备管线材质主要为碳钢，设备管线易发生严重的全面腐蚀和局部腐蚀。燃烧炉的配风比、燃烧温度以及冷凝器温度等任何生产参数的波动都可能引起该区域设备管线发生严重的腐蚀，特别是硫冷凝器管束和管板焊缝腐蚀严重。因此，应对该区域进行重点监测，同时对燃烧炉、硫冷凝器等设备的相关工艺指标进行严格控制，并定期进行设备保养维护，最大限度地减缓腐蚀，延长使用寿命。

由图 5-3 可知，尾气处理单元的急冷水泵出口管线监测点（CL-13）在 2012 年 1 月—7 月腐蚀速率较大，这在一定程度上也反映了急冷塔及内件、急冷水空冷器及水冷器的腐蚀相当严重。这些区域主要是 H_2S、SO_2 等腐蚀性介质引起的全面腐蚀、局部腐蚀或者坑蚀。特别是在加氢效果不好时，加氢反应器出口气中可能含有较多的 SO_2，造成急冷水酸值下降，再加上该区域设备管线主要材质为碳钢，当急冷水 pH 低于 6.5 时，系统设备管线会发生严重的电化学腐蚀。此外，过程气中带入的 CO_2 也是引起急冷系统腐蚀的一个重要因素，其溶于水后生成 H_2CO_3 可直接腐蚀设备，同时由于生成的腐蚀产物较疏松，在水的冲刷作用下可进一步加剧腐蚀。为了更好地控制尾气处理单元腐蚀速率，应严格控制尾气加氢工艺指标，防止 SO_2 进入急冷系统引起严重腐蚀，同时应该对急冷水系统的 pH 进行长期关注。

5.1.4　腐蚀监测的有效性分析

净化厂主要装置由脱硫、脱水、硫回收、尾气处理、硫成型和酸水汽提单元构成，这些单元均靠金属管或双金属复合管作为输送介质的通道[9-12]。双金属复合管在防腐蚀方面具有很高的可靠性和良好的综合经济效益，因此该净化厂某些管线（如液力透平出口管线，再生塔塔底重沸器气相返回口管线，胺液再生塔塔顶空冷器出口管线和第二级硫冷凝器酸性气入口管线等）采用的是不锈钢衬里的复合管[13-16]。

电感探针监测和失重挂片监测能满足高含硫净化厂管线服役工况。为节约投资，对管道的腐蚀监测采用的是同一种腐蚀监测方法——电感探针监测，同时在各监测点设置了失重挂片监测。

公用部分腐蚀监测点设置情况及对应监测周期 1 年的监测结果见表 5-2。在表 5-2 中，A 为西区高空放空总管，B 为东区高空放空总管，C 为低压放空总管。从表中可以看出，东、西区高空放空总管的腐蚀速率较大，其腐蚀速率在 0.025～0.125 mm/a 之间，按照 NACE—RP0775 标准的规定，属于中度腐蚀。从现场挂片分析来看，清洗后两处挂片厚度变薄，表面变得不均匀，存在局部腐蚀的现象。分析其主要腐蚀产物为铁的氧化物和少量铁的硫化物。

表 5-2　公用部分腐蚀监测点设置及对应监测结果

单元	监测部位	环境参数				腐蚀速率（mm/a）	
		材质	介质	温度（℃）	压力（MPa）	试片	探针
公用部分	A	L245	放空气体	常温	0.7	0.0304	0
	B	L245	放空气体	常温	0.7	0.0753	0
	C	L245	放空气体	常温	0.2	0.0092	0.002

　　脱硫单元腐蚀监测点设置情况及对应监测周期 1 年的监测结果见表 5-3。在表 5-3 中，D 为天然气进料管线，E 为进料过滤分离器底部液体出口管线，F 为水解反应器出口管线，G 为液力透平出口管线，H 为再生塔塔底重沸器气相返回管线，I 为胺液再生塔塔顶空冷器出口管线，J 为酸性气自胺液再生塔塔顶回流罐至硫回收单元管线，K 为胺液再生塔顶回流管线。从监测数据可以看出，整个脱硫单元腐蚀速率都很低，有些部位甚至未监测出腐蚀。

表 5-3　脱硫单元腐蚀监测点设置及对应监测结果

单元	监测部位	环境参数				腐蚀速率（mm/a）	
		材质	介质	温度（℃）	压力（MPa）	试片	探针
脱硫单元	D	316L	天然气进料	30	8.30	0	0
	E	316L	酸性水	30	0.60	0	0
	F	316L	酸性天然气+水	50	8.10	0.0050	0.007
	G	316L	富胺液	59	0.68	0	0
	H	316L	酸性气	128	0.22	0.0020	0
	I	316L	酸性气+酸性水	50	0.19	0	0
	J	L245	酸性气	50	0.17	0.0046	0.001
	K	20G	酸性水	50	0.68	0.0029	0

其他单元腐蚀监测点设置情况及对应监测周期 1 年的监测结果见表 5—4。在表 5—4 中，L 为脱水塔天然气入口管线，M 为脱水塔出口富 TEG 管线，N 为第二级硫冷凝器酸性气入口管线，O 为末级硫冷凝器尾气出口管线，P 为酸水汽堤塔顶气管线，Q 为急冷水泵出口管线。由数据可知，第二级硫冷凝器酸性气入口管线、急冷水泵出口管线和酸水汽提塔顶气管线腐蚀速率较大。按照 NACE—RP0775 标准的规定，第二级硫冷凝器酸性气入口管线和酸水汽提塔顶气管线为中度腐蚀，急冷水泵出口管线腐蚀速率在 0.125～0.254 mm/a 之间，属于严重腐蚀。从挂片结果来看，第二级硫冷凝器酸性气入口管线挂片和酸水汽提塔顶气处挂片清洗后厚度减薄，表面变得不均匀，存在局部腐蚀现象。急冷水泵出口管线挂片去除表面腐蚀产物后，表面已经凹凸不平，存在严重的局部腐蚀现象，挂片出现明显腐蚀变薄。

表 5—4 其他单元腐蚀监测点设置及对应监测结果

单元	监测部位	环境参数				腐蚀速率（mm/a）	
		材质	介质	温度（℃）	压力（MPa）	试片	探针
脱水单元	L	316L	湿天然气	43	8.05	0.0001	0
	M	20G	TEG	44	8.05	0.0028	0
硫回收单元	N	20R	酸性气	298	0.14	0.0878	0.054
	O	20G	酸性气	132	0.13	0.0017	0
酸水汽提单元	P	20G	酸性气	105	0.23	0.0462	0.013
尾气处理单元	Q	20G	急冷水	69	0.45	0.1426	0.058

各个监测部位通过挂片和探针监测的结果见图 5—4，由图可知，探针监测结果和挂片结果基本一致，仅在腐蚀速率数值上存在一定偏差。由此可知，净化厂第二级硫冷凝器酸性气入口管线（N）、急冷水泵出口管线（Q）、酸水汽提塔顶管线（P）和东、西区放空总管（A、B、C）为腐蚀薄弱环节。腐蚀薄弱部位的管线材质均为碳钢（L245、20G 和 20R），因此在这些腐蚀薄弱部位需加强腐蚀监测或采取相应防腐蚀措施。

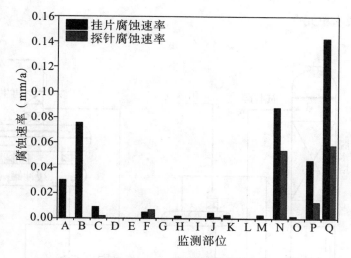

图 5-4　**各监测部位挂片和探针腐蚀监测数据对比**

现场腐蚀监测结果表明，通过分析在线探针腐蚀监测数据，可找出净化厂工艺管线腐蚀的薄弱环节，从而为净化系统腐蚀控制技术的优化提供基础数据。而在一些弯头、大小头、三通和阀门附近，由于流场存在突变，此时电感探针和失重挂片的安装难于实施。对可能发生严重腐蚀的区域，这时应采用全周向腐蚀监测方法（FSM）或定点全周向柔性超声波测厚监测法。由于 FSM监测价格更高，推荐使用定点柔性超声波测厚监测，从而避免多人次间歇测量造成的测量误差。

5.1.5　净化厂腐蚀监测体系优化

腐蚀监测点的设置主要根据生产工艺流程和设备的腐蚀程度来确定。设置腐蚀监测点应遵循"区域性、系统性、代表性"的原则，根据生产工艺流程，围绕装置生产系统的各个环节合理选择监测点。其中，区域性是指重点部位要重点监控，系统性是指监测应覆盖脱硫装置的各个环节，代表性是指监测点应提供有代表性的腐蚀测量结果，监测数据能起到以点代面的作用。此外，重点设备也要加强腐蚀监测。

通过对天然气净化装置腐蚀状况资料的调研表明，脱硫装置不同部位均存在不同程度的腐蚀，不同脱硫工艺脱硫装置发生严重腐蚀的部位基本相同。结合上述分析结果，针对不同工艺流程、不同脱硫溶剂体系确定了以下各单元腐蚀监测区域如图 5-5~图 5-9 所示，监测方法见表 5-5~表 5-9。

（1）脱水单元

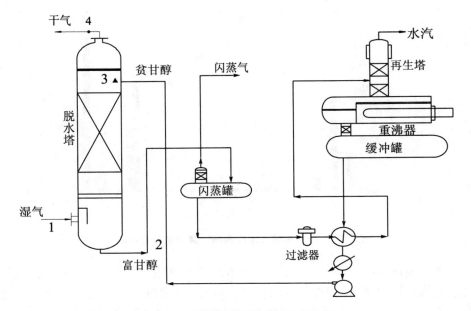

图 5-5 脱水单元腐蚀监测点分布图

表 5-5 脱水单元腐蚀具体监测方法

序号	1	2	3	4
监测方法	探针	探针	挂片	探针
探针/挂片材质	316L	20G	316L	20G
管线/设备材质	316L	20G	16MnR+316L	20G
介质名称	湿天然气	TEG	天然气+TEG	产品天然气

（2）脱硫单元

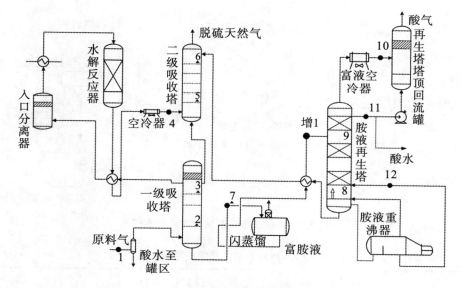

图 5-6　脱硫单元腐蚀监测点分布图

表 5-6　脱硫单元腐蚀点监测方法

序号	1	2	3	4	5	6	7
监测方法	探针	挂片	挂片	探针	挂片	挂片	探针
探针/挂片	316L	316L	316L	316L	316L	316L	316L
管线/设备	316L	SA516-70N +316L	SA516-70N +316L	316L	SA516-70N +316L	SA516-70N +316L	20G+316L
介质名称	原料气	半贫胺液+ 酸性天然气	半贫胺液+ 酸性天然气	酸性天然 气+水	贫胺液+ 酸性天然气	贫胺液+ 酸性天然气	富胺液

序号	8	9	10	11	12	增1
监测方法	挂片	挂片	探针	探针	探针	探针
探针/挂片	SA516-65	304L	316L	20G	SA516-65	316L
管线/设备	SA516-65	16MnR+304L	20G+316L	20G	20G+316L	20G+316L
介质名称	胺液+ 酸性气	胺液+ 酸性气	酸性气+ 酸性水	酸性水	酸性气	胺液+ 酸性气

　　注：脱硫单元是净化装置最重要的地方，因此需重点监测。由于富胺液在经过换热器后温度升高，有酸性气析出，腐蚀性增强，建议增加监测点。胺液再生塔也是腐蚀监测的重点位置，可采用挂片腐蚀法进行腐蚀监测。

（3）硫回收单元

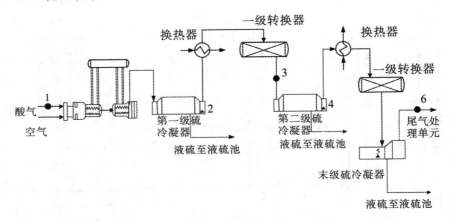

图 5-7　硫回收单元腐蚀监测点分布图

表 5-7　硫回收单元腐蚀点监测方法

序号	1	2	3	4	5	6
监测方法	探针	挂片	探针	挂片	挂片	探针
探针/挂片	20G	16MnR	20G	16MnR	16MnR	20G
管线/设备	20G+316L	16MnR+C.S	20G+316L	16MnR+C.S	16MnR+C.S	20G
介质名称	酸性气	液硫+酸性气	酸性气	液硫+酸性气	液硫+酸性气	酸性气

　　注：由于硫回收单元管线或设备的主要材质为碳钢，介质主要为过程气和液硫，有一定的腐蚀性，因此几个主要的硫冷凝器腐蚀相对严重，建议对2、4、5、6监测点采用挂片腐蚀法进行腐蚀监测。

（4）尾气处理单元

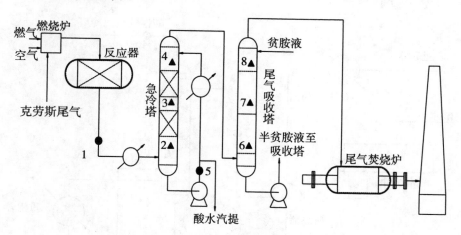

图 5-8　尾气处理单元腐蚀监测点分布图

表 5-8　尾气处理单元腐蚀点监测方法

序号	1	2	3	4	5	6	7	8
监测方法	探针	挂片	挂片	挂片	探针	挂片	挂片	挂片
探针/挂片	316L	20R	20R	20R	20G	SA516-65	SA516-65	SA516-65
管线/设备	20R+316L	20R+304L (内件)	20R+304L	20R+304L	20G	SA516-65+304L (内件)	SA516-65+304L	SA516-65+304L
介质名称	酸性气+水	酸性气+水	酸性气+水	酸性气+水	急冷水	胺液+酸性气	胺液+酸性气	胺液+酸性气

　　注：监测点 1 接触介质主要为酸性气和水，温度也较高，有较强的腐蚀性，建议增设监测点；2、3、4、6、7、8 监测点初步拟定采用挂片腐蚀法进行腐蚀监测。

（5）酸水汽提单元

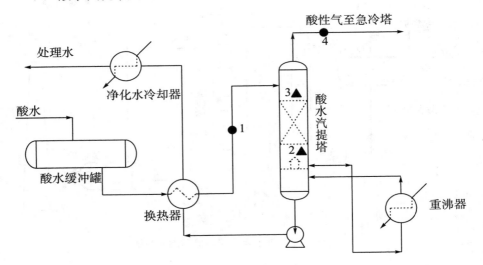

图5-9 **酸水汽提单元腐蚀监测点分布图**

表5-9 **酸水汽提单元腐蚀点监测方法**

序号	1（建议增加）	2	3	4
监测方法	探针	挂片	挂片	探针
探针/挂片	C.S	304L	304L	20G
管线/设备	C.S	20R+304L	20R+304L	20G
介质名称	酸水	酸水	酸水	酸水

注：在监测点1处，由于酸水经过换热器后温度升高，有酸性气析出，酸水的腐蚀性增加，建议增设监测点；2、3监测点拟采用挂片腐蚀法进行腐蚀监测。

5.2 腐蚀预测软件的开发

5.2.1 净化装置腐蚀模型

（1）BP算法

基本BP算法包括两个方面：信号的前向传播和误差的反向传播。即计算实际输出时按从输入到输出的方向进行，而权值和阈值的修正则从输出到输入的方向进行[17-18]。图5-10为BP网络结构：

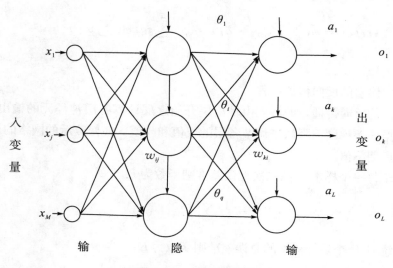

图 5-11　BP **网络结构**

图中，x_j 表示输入层第 j 个节点的输入，$j = 1$，2，…，M；

w_{ij} 表示隐含层第 i 个节点到输入层第 j 个节点之间的权值，$i = 1$，2，…，Q；

θ_i 表示隐含层第 i 个节点的阈值；

w_{ki} 表示输出层第 k 个节点到隐含层第 i 个节点之间的权值，$k = 1$，2，…，L；

a_k 表示输出层第 k 个节点的阈值；

o_k 表示输出层第 k 个节点的输出。

在信号的前向传播过程中，隐含层第 i 个节点的输入为 net_i：

$$net_i = \sum_{j=1}^{M} w_{ij} x_j + \theta_i \tag{5-1}$$

隐含层第 i 个节点的输出为 y_i：

$$y_i = \varphi(net_i) = \varphi(\sum_{j=1}^{M} w_{ij} x_j + \theta_i) \tag{5-2}$$

输出层第 k 个节点的输入为 net_k：

$$net_k = \sum_{i=1}^{Q} w_{ki} y_i + a_k = \sum_{i=1}^{Q} w_{ki} \varphi(\sum_{j=1}^{M} w_{ki} x_i + \theta_i) + a_k \tag{5-3}$$

输出层第 k 个节点的输出为 o_k：

$$o_k = \psi(net_k) = \psi\Big(\sum_{i=1}^{Q} w_{ki}y_i + a_k\Big) = \psi\Big[\sum_{i=1}^{Q} w_{ki}\varphi\Big(\sum_{j=1}^{M} w_{ij}x_j + \theta_i\Big) + a_k\Big]$$

$$(5-4)$$

（2）误差的反向传播过程

误差的反向传播，即首先由输出层开始逐层计算各层神经元的输出误差，然后根据误差梯度下降法来调节各层的权值和阈值，使修改后的网络的最终输出能接近期望值。

对于每一个样本 p 的二次型误差准则函数为 E_p：

$$E_p = \frac{1}{2}\sum_{k=1}^{L}(T_k - o_k)^2 \qquad (5-5)$$

系统对 P 个训练样本的总误差准则函数为 E：

$$E = \frac{1}{2}\sum_{p=1}^{P}\sum_{k=1}^{L}(T_k^P - o_k^P)^2 \qquad (5-6)$$

根据误差梯度下降法依次修正输出层权值的修正量为 Δw_{ki}，输出层阈值的修正量为 Δa_k，隐含层权值的修正量为 Δw_{ij}，隐含层阈值的修正量为 $\Delta \theta_i$，则有

$$\Delta w_{ki} = -\eta\frac{\partial E}{\partial w_{ki}}\ ;\ \Delta a_k = -\eta\frac{\partial E}{\partial a_k}\ ;\ \Delta w_{ij} = -\eta\frac{\partial E}{\partial w_{ij}}\ ;\ \Delta \theta_i = -\eta\frac{\partial E}{\partial \theta_i}$$

$$(5-7)$$

输出层权值调整公式为：

$$\Delta w_{ki} = -\eta\frac{\partial E}{\partial w_{ki}} = -\eta\frac{\partial E}{\partial net_k}\frac{\partial net_k}{\partial w_{ki}} = -\eta\frac{\partial E}{\partial o_k}\frac{\partial o_k}{\partial net_k}\frac{\partial net_k}{\partial w_{ki}} \qquad (5-8)$$

输出层阈值调整公式为：

$$\Delta a_k = -\eta\frac{\partial E}{\partial a_k} = -\eta\frac{\partial E}{\partial net_k}\frac{\partial net_k}{\partial a_k} = -\eta\frac{\partial E}{\partial o_k}\frac{\partial o_k}{\partial net_k}\frac{\partial net_k}{\partial a_k} \qquad (5-9)$$

隐含层权值调整公式为：

$$\Delta w_{ij} = -\eta\frac{\partial E}{\partial w_{ij}} = -\eta\frac{\partial E}{\partial net_i}\frac{\partial net_i}{\partial w_{ij}} = -\eta\frac{\partial E}{\partial y_i}\frac{\partial y_i}{\partial net_i}\frac{\partial net_i}{\partial w_{ij}} \qquad (5-10)$$

隐含层阈值调整公式为：

$$\Delta \theta = -\eta\frac{\partial E}{\partial \theta_i} = -\eta\frac{\partial E}{\partial net_i}\frac{\partial net_i}{\partial \theta} = -\eta\frac{\partial E}{\partial y_i}\frac{\partial y_i}{\partial net_i}\frac{\partial net_i}{\partial \theta} \qquad (5-11)$$

又因为

$$\frac{\partial E}{\partial o_k} = -\sum_{p=1}^{P}\sum_{k=1}^{L}(T_k^P - o_k^P) \quad (5-12)$$

$$\frac{\partial net_k}{\partial w_{ki}} = y_i,\ \frac{\partial net_k}{\partial a_k} = 1,\ \frac{\partial net_i}{\partial w_{ij}} = x_j,\ \frac{\partial net_i}{\partial \theta_i} = 1 \quad (5-13)$$

$$\frac{\partial E}{\partial y_i} = -\sum_{p=1}^{P}\sum_{k=1}^{L}(T_k^P - o_k^P)\cdot \psi'(net_k)\cdot w_{ki} \quad (5-14)$$

$$\frac{\partial y_i}{\partial net_i} = \varphi'(net_i) \quad (5-15)$$

$$\frac{\partial o_k}{\partial net_k} = \psi'(net_k) \quad (5-16)$$

所以最后得到以下公式：

$$\Delta w_{ki} = \eta \sum_{p=1}^{P}\sum_{k=1}^{L}(T_k^P - o_k^P)\cdot \psi'(net_k)\cdot y_i \quad (5-17)$$

$$\Delta a_k = \eta \sum_{p=1}^{P}\sum_{k=1}^{L}(T_k^P - o_k^P)\cdot \psi'(net_k) \quad (5-18)$$

$$\Delta w_{ij} = \eta \sum_{p=1}^{P}\sum_{k=1}^{L}(T_k^P - o_k^P)\cdot \psi'(net_k)\cdot w_{ki}\cdot \varphi'(net_i)\cdot x_j \quad (5-19)$$

$$\Delta \theta_i = \eta \sum_{p=1}^{P}\sum_{k=1}^{L}(T_k^P - o_k^P)\cdot \psi'(net_k)\cdot w_{ki}\cdot \varphi'(net_i) \quad (5-20)$$

（3）BP 算法的改进

1）附加动量法

附加动量法使网络在修正其权值时，不仅考虑了误差在梯度上的作用，而且还考虑了误差曲面上变化趋势的影响。该方法是在反向传播法的基础上在每一个权值（或阈值）的变化上加上一项正比于前次权值（或阈值）变化量的值，并根据反向传播法来产生新的权值（或阈值）变化。

带有附加动量因子的权值和阈值调节公式为：

$$\Delta w_{ij}(k+1) = (1-mc)\eta\delta_i p_j + mc\Delta w_{ij}(k) \quad (5-21)$$

$$\Delta b_i(k+1) = (1-mc)\eta\delta_i + mc\Delta b_i(k) \quad (5-22)$$

式中，k 为训练次数；mc 为动量因子，一般取 0.95 左右。

附加动量法的实质是将最后一次权值（或阈值）变化的影响，通过一个动量因子来传递。当动量因子取值为 0 时，权值（或阈值）的变化仅是根据梯度下降法产生；当动量因子取值为 1 时，新的权值（或阈值）变化则是设置为最后一次权值（或阈值）的变化，而依梯度法产生的变化部分则被忽略掉了。以此方式，当增加了动量项后，促使权值的调节向着误差曲面底部的平均方向变化。当网络权值进入误差曲面底部的平坦区时，δ_i 将变得很小，于是 $\Delta w_{ij}(k+1) = \Delta w_{ij}(k)$，从而防止了 $\Delta w_{ij} = 0$。

根据附加动量法的设计原则，当修正的权值在误差中导致太大的增长结果时，新的权值应被取消而不被采用，并使动量作用停止下来，以使网络不进入较大误差曲面；当新的误差变化率相对其旧值超过一个事先设定的最大误差变化率时，也得取消所计算的权值变化。在进行附加动量法的训练程序设计时，必须加入条件判断以正确使用权值修正公式。

训练程序设计中采用动量法的判断条件为：

$$mc = \begin{cases} 0 & E(k) > 1.04E(k-1) \\ 0.95 & E(k) < E(k-1) \\ mc & \text{其他} \end{cases}, \quad E(k) \text{为第 } k \text{ 步误差的平方和}$$

2）自适应学习速率

在训练过程中，还需要自动调节学习速率。通常调节学习速率的准则是：检查权值是否真正降低了误差函数，如果确实如此，则说明所选学习速率小了，可以适当增加一个量；若不是这样，而产生了过调，那么就应该减少学习速率的值。

学习速率的调整公式为：

$$\eta(k+1) = \begin{cases} 1.05\eta(k) & E(k+1) < E(k) \\ 0.7\eta(k) & E(k+1) > 1.04E(k) \\ \eta(k) & \text{其他} \end{cases}, \quad E(k) \text{为第 } k \text{ 步误差平方和}$$

当采用前述的动量法时，BP 算法可以找到全局最优解，而当采用自适应学习速率时，BP 算法可以缩短训练时间。采用这两种方法也可以用来训练神经网络，故此方法称为动量—自适应学习速率调整算法。

3）网络的设计

①网络的层数

理论上已证明，具有偏差和至少一个 S 型隐含层加上一个线性输出层的网络，能够逼近任何有理数。增加层数可以进一步地降低误差、提高精度，但同时也使网络复杂化，从而增加了网络权值的训练时间。

②隐含层的神经元数

网络训练精度的提高，可以通过采用一个隐含层，从而增加神经元数的方法来获得。这在结构实现上要比增加隐含层数要简单得多。在具体设计时，比较实际的做法是通过对不同神经元数进行训练对比，然后适当地加上一点余量。

③初始权值的选取

由于系统是非线性的，初始值对于学习是否达到局部最小、是否能够收敛及训练时间的长短关系很大。一般总是希望经过初始加权后的每个神经元的输出值都接近于 0，这样可以保证每个神经元的权值都能够在它们的 S 型激活函数变化最大之处进行调节。所以，一般取初始权值为（-1，1）中的随机数。

④学习速率

学习速率决定每一次循环训练中所产生的权值变化量。大的学习速率可能导致系统的不稳定；小的学习速率导致系统较长的训练时间，可能收敛很慢，不过能保证网络的误差值不跳出误差表面的低谷而最终趋于最小误差值。所以在一般情况下，倾向于选取较小的学习速率以保证系统的稳定性。

5.2.2　腐蚀预测模型的算法的实现

采用在 BP 神经网络的基础上建立的腐蚀预测速率模型，可以获得更高的检测灵敏度和更准确的腐蚀速率监测精度。以净化装置的相关参数如组分、温度、压力等作为输入参数，以设备最大平均腐蚀速率作为输出参数，可以建立腐蚀速率预测模型[19]，以此预测各因素对腐蚀的影响。通过精度较高的拟合及预测数据，可以为防腐蚀工作提供更为可靠的依据。BP 算法采用的流程如图 5-11 所示，算法流程如下：

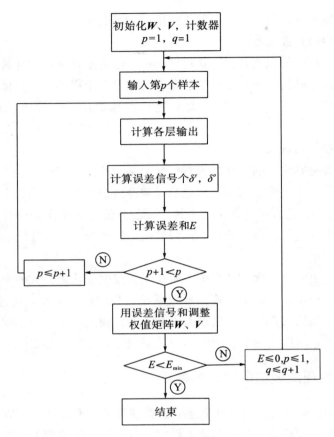

图 5-11 BP **算法流程**

（1）初始化，初始化权值矩阵 W、V 为 -1 到 1 之间的随机数，误差信号和 δ^o、δ^y 赋值为 0，将样本计数器 p 的训练次数计数器 q 赋值为 1，误差 E 赋值为 0，学习率 η 赋值为 $0 \sim 1$ 之间的小数，网络训练后需要达到的精度 E_{min} 赋值为一较小的数，一般为 0.001 左右；

（2）输入第 p 个样本，计算网络各层输出；

（3）计算第 q 个样本误差信号 δ_p^o、δ_p^y，并令 $\delta_p^o \leqslant \delta^o + \delta_p^o$，$\delta_p^y \leqslant \delta^y + \delta_p^y$；

（4）计算第 p 个样本误差 E^p，并令 $E \leqslant E^p + E$；

（5）判断这一轮样本是否训练完，如果训练完成，则跳到下一步，否则令 $p \leqslant p + 1$，转到第 2 步；

（6）根据误差信号调整权值矩阵；

（7）判断误差和是否小于给定精度，如果小于则结束，否则令 $E \leqslant 0$，$p \leqslant$

118

1，$q \leqslant q+1$，然后转到第 2 步继续训练。

应用 Oracle 11g 和 Active Data Object 2.5（ADO）建成了大数据平台，采集和录入了净化装置建设、运行和检修期间的各种工艺参数数据、探针腐蚀数据、挂片腐蚀数据、室内腐蚀数据和检修检测数据，形成了大型高含硫净化装置腐蚀大数据。软件结构及操作管理界面图见图 5-12、图 5-13。

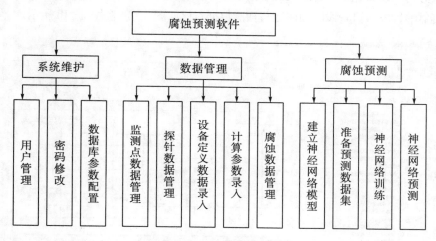

图 5-12　软件结构图

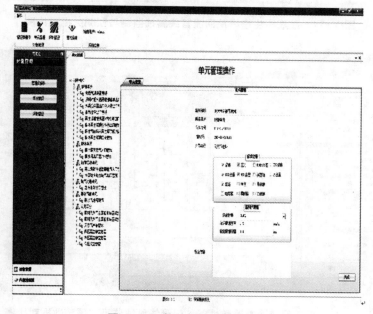

图 5-13　软件操作管理界面图

5.2.3　基于大数据空间的腐蚀预测软件开发

　　基于腐蚀大数据空间，编制了腐蚀预测软件，各腐蚀回路的腐蚀预测值与实际监测值吻合度达85％，形成了基于大数据的腐蚀预测技术，为净化装置腐蚀风险分析和设备完整性管理提供了技术支撑。胺液再生塔塔顶回流管线、第二级硫冷凝器酸性气入口管线腐蚀监测与预测数据对比如图5-14和图5-15所示。

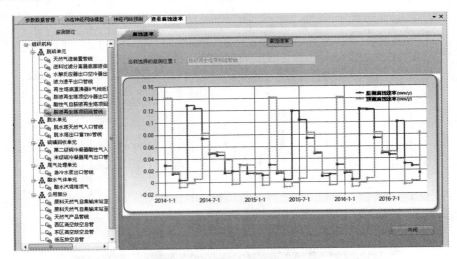

图 5-14　胺液再生塔塔顶回流管线腐蚀监测与预测数据对比图

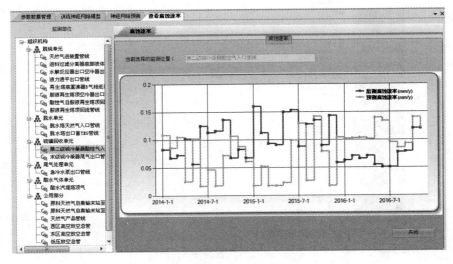

图 5-15　第二级硫冷凝器酸性气入口管线腐蚀监测与预测数据对比图

5.3　小结

（1）在线腐蚀监测数据统计分析表明，高含硫净化厂主要腐蚀区域集中在胺液再生系统、硫回收冷却系统以及急冷水系统。由于腐蚀状况与各工艺节点的温度、压力、介质以及材质选择都有较大关系，因此需要严格地控制工艺参数，减缓腐蚀速率，延长设备使用周期和寿命。

（2）在线腐蚀监测数据和腐蚀挂片数据对比分析表明，高含硫净化厂目前采用的电感探针监测结果大部分真实可信，可以长期使用，但是在一些极易发生点蚀和局部腐蚀的区域应该配合多种腐蚀监测手段共同使用，如全周向腐蚀监测技术（FSM）等，以保证监测结果的准确性。

（3）硫回收单元装置的腐蚀较严重，特别是酸气换热器、硫冷凝器等极易发生低温 H_2S 腐蚀、硫酸/亚硫酸露点腐蚀及高温硫化腐蚀，应该严格控制配风比、温度等工艺操作指标，并从材质选择入手选择抗腐蚀较好的材质。对于易发生高温硫化腐蚀的燃烧炉和焚烧炉等应该进行定期维护和保养。

（4）基于高含硫天然气净化装置模拟试验评价数据及现场腐蚀监测数据，创建了腐蚀速率数据库，开发了预测软件。

参考文献

[1] 王一品，安江峰. 电阻探针技术和挂片失重法腐蚀监测结果的对比分析 [J]. 材料保护，2021，54（6）：72-78.

[2] 刘向录，张德平，董泽华，等. 电化学氢通量法用于油气管线在线腐蚀监测 [J]. 化工学报，2014，65（8）：3098-3106.

[3] 雷兴国. 承压管道腐蚀监测和安全评定技术研究 [D]. 北京：北京化工大学，2019.

[4] 范舟，胡敏，张坤，等. 声发射在线监测酸性环境下油气管材腐蚀研究综述 [J]. 表面技术，2019，48（4）：245-252.

[5] 赵果. 普光气田集输系统腐蚀检测及控制技术研究 [D]. 成都：西南石油大学，2017.

[6] 徐金星. TZ 凝析气田集输管道内腐蚀预测与防腐研究 [D]. 成都：西南石油大学，2017.

[7] 赵寅. 炼油装置腐蚀在线监测系统建立 [D]. 天津：天津大学，2017.

[8] 范媛. 管道内表面腐蚀在线监测方法研究 [D]. 武汉：华中科技大

学，2017.

[9] 商剑峰，李坛，刘元直，等. 高含硫天然气净化厂管线腐蚀监测方法的优选与应用——以普光气田为例 [J]. 天然气工业，2014，34（1）：134−138.

[10] 曾德智，杜清松，谷坛，等. 双金属复合管防腐技术研究进展 [J]. 油气田地面工程，2008，27（12）：64−65.

[11] ZHANG N Y, ZENG D Z. Research on TIG welding gap corrosion resistance of X52/825 metallurgical clad pipein H_2S/CO_2 environment [J]. Anti-Corrosion Methods and Materials，2019，66（4）：412−417.

[12] 曾德智，李祚龙，李发根，等. 复合管焊接接头整管段应力腐蚀试验方法研究 [J]. 西南石油大学学报（自然科学版），2021，43（4）：129−137.

[13] 曾德智，杨斌，孙永兴，等. 双金属复合管液压成型有限元模拟与试验研究 [J]. 钻采工艺，2010，33（6）：78−79，156.

[14] 杜清松，曾德智，杨斌，等. 双金属复合管塑性成型有限元模拟 [J]. 天然气工业，2008（9）：64−66，138.

[15] 王沫，曾德智，林元华，等. 双金属复合管管流摩阻分析 [J]. 石油钻探技术，2008（4）：71−74.

[16] 聂海亮，马卫锋，赵新伟，等. 双金属复合管在油气管道的应用现状及分析 [J]. 金属热处理，2019，44（1）：515−518.

[17] 经建芳，邓富康，李康春，等. 海水腐蚀速率的不等时距灰色模型与BP神经网络模型组合预测 [J]. 材料保护，2015，48（8）：33−36，7.

[18] 樊玉光，何敏，林红先，等. BP神经网络预测石化塔顶系统腐蚀的应用研究 [J]. 石油化工腐蚀与防护，2014，31（2）：1−4.

[19] 孙宝财，武建文，李雷，等. 改进GA−BP算法的油气管道腐蚀剩余强度预测 [J]. 西南石油大学学报（自然科学版），2013，35（3）：160−167.

第6章 高含硫天然气净化装置腐蚀防控工艺优化

根据腐蚀评价与腐蚀高风险区域监测结果，考虑影响净化装置腐蚀的关键因素，针对净化装置腐蚀高风险区域，从氯离子、热稳定性盐等污染杂质防控、材质升级、工艺流程及参数优化、装置结构设计缺陷改进及修复等方面采取有效的防腐蚀措施，形成高含硫天然气净化装置腐蚀防控工艺技术，为净化装置实现长周期运行打下坚实基础。

6.1 脱硫装置污染杂质防控技术

6.1.1 氯离子浓度

因原料气中酸性水中氯离子的混入导致 MDEA 脱硫溶液受到不同程度的污染，氯离子含量最高达到 24780 mg/L[1]。通过净化装置腐蚀模拟评价结果可知，氯离子易加剧钢材腐蚀，并且严重影响 MDEA 脱硫溶液的脱硫效果，因此需要严格控制净化装置系统中的氯离子浓度，避免氯离子在胺液系统的累积，增大脱硫装置的腐蚀风险。

防控前集输站场氯离子浓度平均为 20000 mg/L。根据 NACE 标准，316L 不锈钢在温度小于 60℃，H_2S 分压小于 350 kPa 时，氯离子浓度不得超过 50 mg/L。结合胺液对氯离子腐蚀的抑制作用，综合考虑氯离子对脱硫单元不同材质的腐蚀影响规律，可以将脱硫单元的氯离子浓度适当提高，故将氯离子浓度确定控制在 500 mg/L 以下。

（1）一级防控

基于旋流分离技术，利用离心沉降原理，研制一套高含硫气田集输系统容积式段塞流捕集装置，使装置出口原料气体携液量小于 13 mg/m³，气体中液滴直径小于 8 μm，气体中液滴去除率 99.9%，将氯离子浓度由 20000 mg·L⁻¹ 降

123

低到 1500～3600 mg・L^{-1}。

（2）二级防控

对位于天然气净化工艺流程最前端的原料气过滤单元进行了优化设计。采用原料气预过滤和聚结过滤两级优化技术对原料气夹带的固体颗粒和液体杂质进行了过滤。聚结过滤采用新型高效聚结滤芯，解决了原有滤芯过滤能力低、更换时间难以确定等问题。过滤单元拦截的固体颗粒及液体量是原滤芯的 2 倍，显著减少了原料气中氯离子浓度，氯离子浓度由 1500～3600 mg/L 降低到 500 mg/L。原料气两级过滤流程示意图如图 6-1 所示。

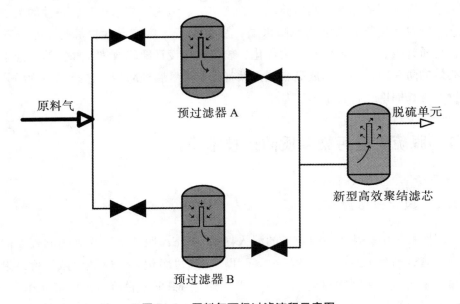

图 6-1　原料气两级过滤流程示意图

6.1.2　热稳定性盐

净化设备中存在的 O$_2$ 会使 MDEA 降解生成热稳定性盐（HSS），热稳定性盐将显著地降低 MDEA 溶液的脱硫效率并造成净化设备的严重腐蚀[2-3]。同时，残余的氯离子、硫酸根、钙离子等持续进入胺液系统，长期累积后会使装置腐蚀加剧。由于原有的胺液净化装置设计及工艺已经难以满足现有胺液处理的要求，因此需要对胺液净化系统进行改造，提升去除热稳定性盐、氯离子等杂质的效率。

根据前期现场经验及对腐蚀评价的认识，主要针对 HSSX 工艺单元（热稳定性盐去除单元，即利用 Versalt 离子交换树脂，从所有用于脱硫的链烷醇胺中去除热稳定盐，将与热稳定盐结合的束缚胺转化为可用胺，恢复胺的效率）进行改造。原有 HSSX 工艺单元为两个装填了 B 型树脂的树脂罐，来自 SSX 单元（去除固体悬浮物单元）的净化胺液进入 B 罐，以脱除热稳定性盐。

　　改造方案在目前现有的基础上增设了两个阴树脂罐，装填 A 型树脂脱除氯离子，同时还增设了两个阳树脂罐，装填阳树脂脱除阳离子。改造后流程图如图 6-2 所示。

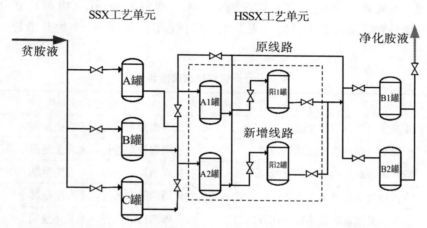

图 6-2　改造后的胺液净化装置流程图

　　改造后，待净化的贫胺液先进入 SSX 工艺单元以脱除固体悬浮物，然后进入 HSSX 工艺单元的 A 罐中脱除氯离子，再进入 B 罐中脱除其他阴离子。在脱除阴离子后，若胺液 pH 上升较大，则启动后面串联的 HSSX 阳罐，使脱除阴离子后的胺液进入罐中脱除阳离子，引入氢离子，胺液 pH 下降，胺液净化后回系统。若胺液 pH 上升较小，脱除阴离子后的胺液将直接回到系统。阳树脂罐则是串联在 HSSX 工艺单元 A 罐和 B 罐间的独立单元，其启停根据胺液的 pH 确定。

6.2 材质升级

6.2.1 装置及管线材质

根据腐蚀评价及现场腐蚀监测评估结果可知，由于部分材质选材的原因，导致管线腐蚀严重，故对 8 处腐蚀防护薄弱部位的材质由 20G 钢升级为 316L 不锈钢，脱硫装置和硫回收装置升级为 20G（母材）/316L（内覆）复合材质。升级后管线运行效果良好，未发生腐蚀泄漏问题。表 6-1 为升级管线改造统计。

表 6-1　升级管线改造统计

序号	改造内容	改造后效果
1	胺液换热器富液侧管线	长周期稳定运行，未发生泄漏
2	急冷水自急冷塔至过滤器管线	长周期稳定运行，未发生泄漏
3	酸性水至酸水汽提塔的管线	长周期稳定运行，未发生泄漏
4	汽提净化水自酸水汽提塔至的管线	长周期稳定运行，未发生泄漏
5	酸水汽提塔塔底重沸器气相返回管线	长周期稳定运行，未发生泄漏

6.2.2 防腐涂层

净化装置中的胺液冷却器共有 12 台，由于冷却器比较关键，故设计要求的换热面积较大。换热器管程走半富胺液（首次吸收过硫化氢的胺液），壳程走循环水。如果产品气进入一级主吸收塔的温度过高，胺液选择性吸收的 CO_2 增多，产品气中的 H_2S 含量将变高，这将严重影响产品气的质量。由于胺液压力大于循环水压力，当中间胺液冷却器发生泄漏以后，胺液将进入循环水，导致循环水水质恶化，这将对其他水冷器造成严重腐蚀。若贫胺液后冷却器因循环水腐蚀，导致设备泄漏甚至造成装置停产，这将严重影响生产。

为了避免中间胺液冷却器发生腐蚀、杂质堆积结垢、微生物粘泥等问题，需要加大循环水的流速，所以采取循环水走管程的结构形式[4]。为了避免循环水与换热管内壁直接接触，还应对换热管内壁进行涂层防腐[5-7]。

中间胺液冷却器等容易发生垢下腐蚀的设备，采用具有突出防腐阻垢性能的 SHY-99 防腐涂料。这种涂料克服了以前防腐涂料耐温性、柔韧性差、硬度低、不耐高温蒸气吹扫等缺点，具有耐酸、耐碱、耐油、耐有机溶剂和耐盐、水溶液等介质腐蚀的特性，还具有耐温性好、硬度高、涂层不脱落、不龟裂等特点。中间胺液冷却器涂层如图 6-3 所示。

图 6-3　中间胺液冷却器的涂层

6.3　工艺流程及参数优化

6.3.1　胺液再生系统参数优化

根据装置腐蚀规律评价结果可知，温度和流速会显著影响材质的腐蚀速率。现场腐蚀评估结果表明，运行温度偏高的单元装置腐蚀相对严重，需要合理优化装置运行工艺参数。表 6-2 展示了胺液再生系统的参数优化。

表 6-2　胺液再生系统参数优化

部位	优化内容	优化目的
胺液再生塔塔顶温度	运行参数由 98℃～115℃优化为 93℃～96℃	避免低贫度胺液集中在塔的中、下部造成腐蚀
胺液入再生塔温度	运行参数由 105℃优化为 90℃	防止富胺液气化率上升，腐蚀加剧
胺液循环量	运行参数由 599 t/h 优化为 450 t/h	控制富胺液对系统的冲刷腐蚀
胺液再生温度	运行参数由 120℃～124℃优化为 118℃～122℃	控制胺液的热降解速率

6.3.2　硫回收系统停工除硫优化

硫成型及储运单元现场腐蚀评价试验及风险识别结果表明，设备处于湿硫、细粉硫、酸性气等多种复杂介质环境中，硫回收、成型、输送装置等部位的腐蚀控制工艺亟待优化。

将传统燃料气当量燃烧的单步除硫模式创新为"两步除硫"模式，即"低负荷酸性气＋燃料气深度除硫"模式。"两步除硫"法的技术关键为低负荷除硫酸性气量及空酸配比的合理选择，以防止加氢反应器负荷过大出现超温现象。

硫回收单元的其他参数优化见表 6-3，包括末级硫冷凝器出口温度调整，克劳斯炉配风比的参数优化，一、二级转化器入口温度优化等。

表 6-3　硫回收单元参数优化

参数	设计值（℃）	优化后（℃）	优化原因
末级硫冷凝器出口温度	128～135	140	减少硫的露点腐蚀对管道的影响
克劳斯炉配风比 H_2S/SO_2	3～6	2～4	避免系统操作不平稳及配风比不合理致使过气成分及温度等波动较大，减少高温腐蚀
一级转化器入口温度	200～235	225	提高硫转化率，降低过程气中 H_2S、CO_2 的浓度
二级转化器入口温度	200～235	213	提高硫转化率，降低过程气中 H_2S、CO_2 的浓度

6.3.3　硫成型单元工艺改进

根据腐蚀高风险区域识别结果，可优化液硫储罐顶部废气和液硫池尾气处理工艺，降低液硫中的 H_2S，改善腐蚀环境，降低硫回收及储运单元的露点腐蚀和大气腐蚀风险。

（1）液硫储罐废气处理工艺

液硫储罐的储存温度为 140℃，罐顶有较多含 H_2S 和硫的废气逸出，尤其在进料时，逸散废气量更大。改造前液硫储罐的废气直接排入大气，会造成环境污染，同时易引发周围设备发生较严重的大气腐蚀和酸气腐蚀，因此需进行液硫储罐废气处理工艺的优化。

具体优化工艺为：首先，液硫储罐废气自罐顶引出后，经液硫收集罐抽出夹带的液硫后，进入水洗塔。然后，在水洗塔内尾气中携带的硫会冷凝沉降至底部，在塔底经硫粉过滤器分离出硫粉，水则循环利用。最后，水洗塔顶部的气相（主要成分为 H_2S）则进入脱硫反应器，采用碱液（浓度为 10%）吸收，反应后合格的废气（$H_2S<10$ mg/m³）由液环真空泵经反应器顶部抽出，引至放散管排放。液硫储罐废气处理工艺优化示意图如图 6-4 所示。

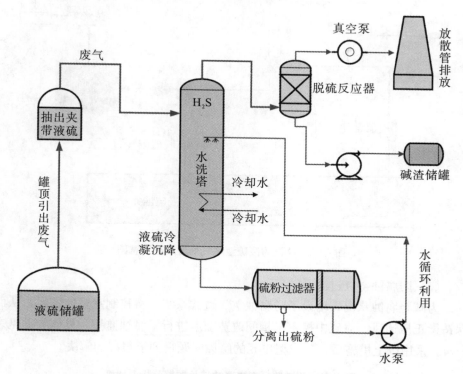

图 6-4　液硫储罐废气处理工艺优化示意图

（2）液硫池尾气处理工艺

优化前的 12 个液硫池采用"喷射搅动+压缩空气鼓泡脱气"工艺脱除液硫中溶解的 H_2S，而废气则被蒸气抽射器送至尾气焚烧炉直接焚烧后外排，易造成环境污染，同时也易引发周围设备发生较严重的大气腐蚀[8]，因此需进行工艺优化。

工艺路线优化思路为，将空气鼓泡脱硫废气通过蒸气引射器抽出，引至克劳斯反应炉（使硫化氢不完全燃烧，再使生成的 SO_2 与 H_2S 反应生成硫）的配风空气线，与空气混合后作为配风进入克劳斯反应炉内，其中的 H_2S 转化为硫，从而消除直排焚烧产生的 SO_2、SO_3 等酸性气体对周围设备设施的腐蚀影响[9]。改造后烟气中的 SO_2 排放浓度将降至 100 mg/m³ 以下，从而改善了生产环境，减轻了酸气对设备的腐蚀。改进的液硫池尾气处理工艺示意图如图 6-5 所示。

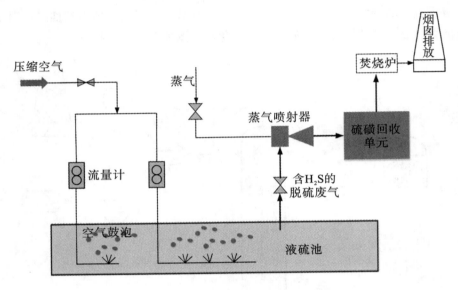

图 6-5　改进的液硫池尾气处理工艺示意图

（3）防腐蚀空气过滤系统

为减轻腐蚀状况，增设了防腐蚀空气过滤系统，将控制室整体密封，从而保持微正压通风。对硫中控室机柜间改造前后进行了腐蚀监控，具体数据见表6-4。采用以上措施后，硫成型单元的腐蚀问题得到了很好的解决。

表 6-4　改进前后室内腐蚀挂片数据分析对比表

采样位置	腐蚀程度 （μm/a）	腐蚀厚度 （nm/m）	备注
改造前硫中控室机柜间	1.23	3879	需尽快保护
改造后硫中控室机柜间	0.08	576	测试结果良好

6.3.4　硫成型输送装置工艺优化

硫成型输送装置中硫细粉多、带水严重、易结块，产生的 FeS 易自燃。皮带传输系统中细粉硫易在皮带表面沉积，从而造成皮带、滚筒、接料板、托辊支架等部位腐蚀。

针对上述问题，在液硫进装置前设 60 目以上滤网，在分布器前设置滤网，降低细硫产生，将再熔器内加热盘管、旋流分离器更换为不锈钢材质，从而降低 FeS 产生，防止 FeS 自燃。

对硫成型装置进行优化，集成应用高压风刀吹扫技术及微米级干雾抑尘技术，抑制粉尘的产生，实现粉尘浓度由 102.3 ppm 降低至 8.5 ppm，并首次提出高压风刀吹扫的最优参数。同时优化干雾抑尘装置的启停时间，减少水量损耗，降低产品硫的含水量。

皮带系统沿线清扫器也进行结构升级，提高刮刀硬度，同时在皮带回程段安装多功能集水箱，收集含硫污水。此外，还对损坏皮带进行了更换，对钢结构等进行更换、防腐刷漆等操作。

6.4　装置结构设计缺陷改进及修复

6.4.1　厚壁塔器缺陷现场修复技术

针对厚壁塔器缺陷，我们创新集成"深度缺陷修复＋焊缝全体积置换＋内燃法整体热处理"维修模式，研制了内壁堆焊层焊接、基层焊接及整体消氢消应热处理工艺，成功实现复合层多材质厚壁塔器缺陷的现场修复。

开展焊接工艺评定，完成屈服强度、抗拉强度、硬度、金相检测、HIC、SSC、SCC 等试验，确定坡口型式、焊接材料、焊接参数等关键技术数据，形成了适用于复合层厚壁塔器的焊接工艺。

通过钢材比热及导热系数、保温比热及导热系数等数据，计算得出整体热处理总耗热量，创新应用比例控制燃油燃烧器，采用集散控制系统，对温度进行智能化测量和控制。裙座支撑塔体的强度，在热处理时随温度的升高而自然降低，并通过建立有限元网格模型、计算热工温度场、校核应力强度等工作，保证热处理过程的安全。

同时，对胺液再生塔顶部复合层、焊缝周围和上封头存在机械损伤部位，进行打磨补焊修复。对有损伤的贫、富胺液换热管线进行修复；对较轻微的机械损伤、点蚀及裂纹的管线进行铣削、打磨处理；对较严重的坑蚀及裂纹则通过铣削、打磨、堆焊处理。

6.4.2　硫回收单元管网防腐控制

图 6-6 为液硫外输管线的现场修复示意图。工艺优化包括对复合层剥离及熔合区气孔超标进行补焊，对减薄严重的管线进行更换处理。此外，液硫外输夹套管线的泄漏修复包括：更换夹套管线，对其相关联的夹套管线进行疏

通、清理硫；更换液硫伴热凝结水总管；新增液硫外输管线凝结水输水管线。

图 6-6　液硫外输管线现场修复示意图

6.4.3　硫回收单元设备缺陷改进

　　硫回收单元硫冷凝器及加氢反应器出口冷却器换热管与管板管头角焊缝多次发生泄漏，经失效分析确认原因为管板角焊缝残余应力大，换热管与管板孔间贴胀间隙过大进而导致应力腐蚀裂纹的扩展。为了改进设备缺陷，我们对三台设备中的两种管板结构（刚性管板和柔性管板）分别进行了三维建模，并在模拟工况条件下进行了有限元线弹性应力分析及强度评定。评定结果为刚性管板结构在受压力、温度和管系外载综合作用工况下，管板处于不安定状态。根据评定结果，我们采用柔性薄管板代替原有的刚性管板，之后设备运行良好。

6.5　小结

　　（1）针对脱硫装置中氯离子、热稳定性盐等污染杂质的腐蚀问题，利用氯离子三级防控技术将原料气中氯离子浓度降低到 500 mg/L 以下。通过对胺液净化系统进行改造，在现有基础上增设两个阴树脂罐以脱除氯离子，增设两个阳树脂罐以脱除阳离子，显著提升了去除热稳定性盐和氯离子等杂质的效率。

　　（2）部分材质由于选材原因，材料腐蚀严重，故对 8 处腐蚀防护薄弱部位的材质由 20G 钢升级为 316L 不锈钢，脱硫装置和硫回收装置升级为 20G（母材）/316L（内覆）复合材质，并对换热管内壁进行涂层防腐措施。实施后运行效果良好，未发生腐蚀泄漏问题。

（3）根据装置腐蚀规律评价及现场腐蚀评估结果，我们对胺液再生系统和硫回收单元的参数进行了优化，硫成型单元和回收单元的工艺进行了改进，从而有效改善了脱硫单元和硫回收单元的腐蚀情况。

（4）针对厚壁塔器缺陷，创新集成"深度缺陷修复＋焊缝全体积置换＋内燃法整体热处理"维修模式，开发了适用于复合层厚壁塔器的焊接工艺。针对硫回收单元管网防腐控制，采取了管线疏通、清理硫、补焊修复和更换等措施，并新增液硫外输管线凝结水输水管线，在硫回收单元设备中以柔性薄管板代替原刚性管板，之后设备运行良好。

（5）根据高含硫天然气净化装置模拟试验评价数据、现场腐蚀监测数据和净化装置腐蚀数据，明确了腐蚀防控工艺的优化方向。通过全方位的腐蚀防控改造，初步形成了一套高含硫天然气净化装置腐蚀防控体系，为净化装置实现长周期运行打下了坚实基础。

参考文献

［1］ZHANG N Y, ZENG D Z, XIAO G Q, et al. Effect of Cl⁻ accumulation on corrosion behavior of steels in H_2S/CO_2 methyldiethanolamine（MDEA）gas sweetening aqueous solution［J］. Journal of Natural Gas Science and Engineering, 2016, 30: 444−454.

［2］TAN S Z, XIAO G Q, SINGH A, et al. Corrosion mechanism of steels in MDEA solution and material selection of the desulfurizing equipment［J］. International Journal of Electrochemical Science, 2017, 12 (6): 5742−5755.

［3］DONG B J, ZENG D Z, YU Z M, et al. Effects of heat-stable salts on the corrosion behaviours of 20 steel in the $MDEA/H_2S/CO_2$ environment［J］. Corrosion Engineering, Science and Technology, 2019, 54 (4): 339−352.

［4］肖生科, 廖忠陶, 刘强. 硫回收装置优化运行技术策略［J］. 石油炼制与化工, 2010, 41 (4): 22−26.

［5］CHEN C L, HE Y, XIAO G Q, et al. Co-modification of epoxy based polyhedral oligomeric silsesquioxanes and polyaniline on graphene for enhancing corrosion resistance of waterborne epoxy coating［J］. Colloids and Surfaces A: Physicochemical and Engineering Aspects, 2021,

614：126190.

［6］ ZHONG F，HE Y，WANG P，et al. Novel graphene/hollow polyaniline carrier with high loading of benzotriazole improves barrier and long-term self-healing properties of nanocomposite coatings［J］. Progress in Organic Coatings，2021，151：106086.

［7］ ZHONG F，HE Y，WANG P，et al. Graphene/V_2O_5 @ polyaniline ternary composites enable waterborne epoxy coating with robust corrosion resistance［J］. Reactive and Functional Polymers，2020，151：104567.

［8］ 李学翔. 硫尾气处理装置腐蚀与防护技术［J］. 石油化工环境保护，2006，29（2）：61-64.

［9］ 中国石油化工股份有限公司，中国石油化工股份有限公司抚顺石油化工研究院. 一种 MDEA 选择性脱硫工艺和系统：CN201611052236.5［P］. 2018-06-01.